每天学点
现代阅读书系

每天学点 安全防范小常识

刘香莲　于明琪◎编著

北京航空航天大学出版社
BEIHANG UNIVERSITY PRESS

内容简介

据统计，每个人一生中遭受意外伤害的平均次数为12次。致人死亡的概率为4.3%。本书从五个方面告诉读者如何防患于未然，预防这些意外伤害的发生。这五个方面是：1.居家篇：居家安全防范；2.装修篇：防范致病、致命的装修漏洞；3.室外篇：预防重大伤害是重点；4.儿童篇：让脆弱的幼苗茁壮成长；5.老人篇：让操劳一生的父母安度晚年。书中所举案例大都来自真实案例，实用性非常强。

图书在版编目(CIP)数据

每天学点安全防范小常识 / 刘香莲，于明琪编著. -- 北京 ：北京航空航天大学出版社，2011.5

ISBN 978-7-5124-0380-2

Ⅰ.①每… Ⅱ.①刘… ②于… Ⅲ.①安全教育-普及读物 Ⅳ.①X956-49

中国版本图书馆CIP数据核字(2011)第043525号

每天学点安全防范小常识

刘香莲　于明琪　编著

责任编辑：吉瑾　简进

*

北京航空航天大学出版社出版发行

北京市海淀区学院路37号(邮编100191)　http://www.buaapress.com.cn

发行部电话：(010)82317024　传真：(010)82328026

读者信箱：bhpress@263.net　邮购电话：(010)82316936

保定市中画美凯印刷有限公司印装　各地书店经销

*

开本：700×960　1/16　印张：15.5　字数：261千字

2011年5月第1版　2012年6月第3次印刷

ISBN 978-7-5124-0380-2　定价：29.80元

前言

在我们每个人的一生中都难免会遇到或多或少的意外伤害或突发事件，给我们的人身安全带来巨大危害。在各种图书馆或书店中，我们经常能看到有关“意外伤害”的急救类图书，尤其是近几年，这类书更是频频出现。但是如何预防意外伤害和意外事故发生的书却是少得可怜。这种现象让我们不由得想起亡羊补牢的故事，为什么一定要等伤害出现了才做出急救措施，为什么不能在伤害出现之前就把它扼制了呢？很多人宁愿花很多时间去研究如何急救，也不愿花时间去学习预防知识，这绝对是一个观念上的错误。这种观念、做法不免有些本末倒置、舍本逐末。

请看以下两组令人触目惊心的数据：

一、根据国家权威部门统计，我国每年发生的意外伤害和意外事故总数达 2 亿多，每年造成约 75 万人死亡。这意味着在我国目前的平均寿命和生存条件下，每个人一生中遭受意外伤害和意外事故的次数平均为 12 次，而这 12 次中致人死亡的概率为 4.3%。

二、据我国公安部门统计，我国每年发生的针对百姓尤其是儿童、老人的拐卖、诈骗案件数量以千万计。这些意外事件一旦发生，对每个家庭都是不能承受之重。

针对意外伤害和意外事故，我们必须要做到防患于未然！只要我们在生活中注意防范了，意外就会远离我们。莫等“亡羊”

再“补牢”，因为我们已经没有多余的“羊”可亡，因此，防患于未然，提前补“牢”才是我们的生存之道。

本书从广义的角度介绍如何防止由意外事件带来的意外伤害。广义的角度指的是由自然界的、人为的因素而给家庭成员带来的巨大人身伤害和巨大财产损失。近年来，由于老年人和儿童是意外事故和受骗的高发人群，所以本书把老年人和儿童单列两篇，专门介绍除去前面的常规防范外，他们应该格外注意防范的事项。

在本书的编写过程中，以下各位老师也参与了编写工作，他们是：许芳、张娜、崔玉果、胡春燕、杨绍华、李勇、任颖、武小青、赵新龙、陈志杰、任仲奇、李岩、杨爱霞、任志杰、田芳等。在此一并表示感谢。

本书分为五篇：

一、居家篇：居家安全防范

缺乏防范意识的家庭是意外事故多发的“灾难所”，例如没有定期更换煤气灶的连接管导致漏气，发生火灾；应使用三相插座的电器却用两相插座代替导致漏电等，都会导致重大事故。本篇告诉读者如何防范这些居家潜藏的安全隐患。

二、装修篇：防范致病、致命的装修漏洞

很多家庭中的安全隐患是在装修时造成的，所以本篇把这类事故从第一篇中剥离出来，单独介绍，以便让读者更好地防范。这些安全漏洞轻则使人生病，重则要人性命；并且大都不是我们在装修结束后能够防范的，只有在装修过程中堵住这些漏洞，才能保障我们的生命安全。例如：客厅的落地窗没有加装足够高的护栏，导致人坠楼；改造电路时没有请专业电工，而把电线直接埋进墙里（应加套管）导致漏电等重大事故。这

些事故一旦发生，后果都非常严重。所以，我们把装修中的漏洞单独设为一篇，希望引起读者的重视。

三、室外篇：预防重大伤害是重点

防范室外的意外事故和前两篇有明显的不同。室内预防事故以多注意生活细节、改变环境为主；而室外预防事故以多掌握知识、改变自己为主。这是因为每个人在自己的家里是个主动体，大部分事物能在自己的控制范围内；而人在室外更多的是一个被动体，无法改变环境，这时就要多掌握室外安全的知识，主动来改变自己，达到预防的目的。例如：我们知道了哪些地带是危险地带我们就尽量不去，如果非去不可就要提前知道做好哪些防范措施。再如：到自然环境中去，我们就要知道如何防范自然灾害等。

四、儿童篇：让脆弱的幼苗茁壮成长

孩子是每个家庭快乐的源泉和未来的希望。但孩子也是最稚嫩、脆弱的，加之其自身没有防范意识，非常容易受到以下两个方面的伤害：一是家庭安全事故；二是被骗被拐卖。所以，孩子的安全责任就责无旁贷地落到了家长身上，尤其是孩子在婴幼儿阶段，更是如此，否则一旦受到伤害，那将是每个父母一生都无法承受之痛！所以我们把与婴幼儿相关的安全预防常识单独设为一篇，希望每个家庭里的幼苗都能避免伤害，茁壮成长。

五：老人篇：让操劳一生的父母安度晚年

老年人是意外事故的多发群体，有很多事实出人意料，例如：家庭生活中老人受到的最多意外伤害是跌倒。其实从安全防范的角度，我们应该把老人和孩子同等看待并加以关注，这也是“老小孩，小小孩”的另一种解读吧。这是由两个因素造成的：一是身体因素，老年人精力、体力不足了，防范意识自然下降，导致意外伤害事故增多；二是性格因素，人到老年后会变得天真，识别能力变差，加之跟不上现代科技的发展，非常容易受骗。本篇针对这两个方面为读者讲解老年人的安全防范重点。

目录

居家篇：居家安全防范

家是我们每个人疲劳时温馨的港湾，在外面受到伤害时安全的避难所，但是，如果我们缺乏安全意识，疏于防范，家就变成了意外事故多发的"灾难所"，例如没有定期更换煤气灶的连接管导致漏气，发生火灾；应使用三相插座的电器却用两相插座代替导致漏电等，都会导致重大事故。本篇告诉读者如何防范这些居家潜藏的安全隐患。所谓"十灾九大意"，在居家中体现得最明显，只要我们在生活中多一份细心，这些事故绝大多数都是可以避免的。

◉ 第一章　火、电隐患猛于虎

由于火灾引发的安全事故是家庭中最常见也是危害最大的事故，轻则使财产毁于一旦，重则使一家人甚至更多人丧生。本章主要讲述居家生活中最易被人忽视的常见火灾事故，尤其是用电安全常识。随着家用电器越来越多地进驻家庭，人们在享受电器带来的方便时，很容易忽视安全使用电器，结果，导致漏电，引发火灾。本章中许多看似微不足道的小防范，实际上可以防患于未然。要知道水火无情，一旦发生，后果不堪设想。

◉ 第二章　煤气、燃气防泄漏

近年来，燃气（天然气和液化气）中毒、爆炸事故频频发生，本章主要介绍如何防范日常生活中因疏忽大意或者缺乏安全常识，如长期不更换燃气管，不定期检查燃气灶、胡乱放置燃气瓶等，而造成燃气泄漏、爆炸等事故。这些事故轻则使人中毒，重则导致爆炸、火灾，致人死亡。

◉ 第三章　居家防盗要时刻警惕

据公安局统计数字显示，近年来入室盗窃案呈上升趋势，尤其是每年夏季和 12 月、1 月临近春节的时候。小偷入室后，偷钱拿物，如果发现家里有人，还可能会实施强奸、杀人等恶性行为。本章主要介绍如何防范小偷入室盗窃等知识。

装修篇：防范致病、致命的装修漏洞

很多家庭中的安全隐患是在装修时造成的，这些安全漏洞轻则让人生病，重则要人性命；并且大都不是我们在生活中能够防范的，只有在装修过程中堵住这些漏洞，才能保障我们的生命安全。例如：客厅的落地窗没有加装足够高的护栏，导致人坠楼；改造电路时没有请专业电工，而把电线直接埋进墙里（应加套管）导致漏电等重大事故。这些事故一旦发生，后果都非常严重。所以我们把装修中的漏洞单独设为一篇，希望引起读者的重视。

◉ 第四章　这些漏洞可让人受伤或丧命

本章主要介绍一些可能引起生命危险的装修漏洞，如业主缺乏安全意识，私自改造电路、私改煤气管道、私拆承重墙等违法行为，购买劣质产品，护栏高度不够，没有配备灭火器，没有装避雷设施等；以及一些施工错误导致的危险装修，如吊灯安装错误、大面积使用玻璃墙等。

这些装修现象存在着极大的安全隐患，一旦发生问题，将会对生命造成重大的伤害，甚至导致死亡。

◉ 第五章　致病的装修

装修中，各种材料带来的污染无处不在。建材带来的污染会让您的新居成为“有毒化工厂”，给您及家人带来疾病。本章针对装修中出现的各种污染，逐一介绍，再加上详细而有效的预防措施，能让您轻松地避开装修中有害物质的污染，从而大大减少因污染而带来的致病危害。

室外篇：预防重大伤害是重点

防范室外的意外事故和防范居家的事故有明显的不同。室内预防事故以多注意生活细节、改变环境为主；而室外预防事故以多掌握知识、改变自己为主。这是因为每个人在自己的家里是个主动体，大部分事物能在自己的控制范围内；而人在室外更多的是一个被动体，无法改变环境，这时就要多掌握室外安全的知识，主动来改变自己，达到预防的目的。例如：我们知道了哪些地带是危险地带我们就尽量不去，如果非去不可就要提前知道做好哪些防范措施。再如：到自然环境中去，我们就要知道如何防范自然灾害等。

◉ 第六章　健身与运动　常识不可少

本章主要讲述因缺乏运动安全常识和防范意识而导致的意外伤害，如空腹慢跑会引起休克甚至死亡，长期在跑步机上跑步会损伤膝盖等。

这些伤害轻者损伤肌体，重者残疾甚至死亡。锻炼健身本来是好事，千万不要因锻炼不当造成伤害，遗恨终生。

◉ 第七章　危险地带　尽量远离

本章主要介绍在危险地带存在的安全隐患，如黑暗地带防抢劫、攀爬河边栏杆防坠落、提防过街天桥上下的“观景人”，等等。这些危险地带暗藏安全隐患，使人容易遭到意外伤害，轻则致残，重则丧命。认识了这些地带的潜在危险，只要我们加以防范，就可以远离这些不必要的伤害。

◉ 第八章　安全出行，避免交通事故

我国每年交通事故死亡超过 10 万人，平均每天死亡 300 多人，居世界之首，伤残者的数量更是大得惊人。很多中小城市，私下买卖驾照现象非常严重，很多人根本没上过驾校，却拿到了驾照，这些人是不折不扣的“马路杀手”。交通事故危害人们的财产、生命安全。本章主要讲述外出乘车、走路时如何避免交通事故，最大限度地避免安全隐患。

◉ 第九章　外出旅游——有防范意识才能玩好

本章主要讲述外出旅游途中存在的安全隐患，如小心遭麻醉被抢劫、出门的住行安全、旅游景点别坐黑车，等等。这些隐患轻者让人破财，破坏心情，重者伤身丢命，魂丧他乡。旅游是一件好事，千万不要因一时疏忽大意影响旅游的好心情，更不要让旅游成为噩梦的开始。

◉ 第十章　面对自然灾害——首先要冷静

本章主要讲述自然灾害带来的意外伤害，虽然我们无法控制自然灾害的发生，但是我们可以防范自然灾害所带来的危害，如雷电天气防雷击，雷雨天小心防盗门变成导电门，地震时如何自救，等等。

儿童篇：让脆弱的幼苗茁壮成长

孩子是每个家庭快乐的源泉和未来的希望，但孩子也是最稚嫩、脆弱的，加之其自身没有防范意识，非常容易受到以下两个方面的伤害：一是家庭安全事故，二是被骗被拐卖。所以，孩子的安全责任就责无旁贷地落到了家长身上，尤其是孩子在儿童阶段，更是如此，否则一旦发生事故，那将是每个父母一生都无法承受之痛！因此，我们把与儿童相关的安全预防常识单独设为一篇，希望每个家庭里的幼苗都能避免伤害，茁壮成长。

◉ 第十一章　让儿童致残、致死的重大意外伤害

本章讲述导致儿童致残、致死的重大意外伤害的防范方法。据调查显示，儿童意外伤害已成为全球 14 岁以下儿童的首要死因。每年全球范围内近 100 万儿童死因为各种类型的意外伤害，如交通意外、溺水、中毒、跌落等。我国 0~14 岁儿童每年约有 5 万人因意外伤害致死，发生率是美国的 2.5 倍、韩国的 1.5 倍。同时，意外伤害所致伤残人数要远远超过死亡人数。本章总结了导致我国孩子致残、致死的重大意外伤害，并把

这些杀手的真面目呈现给大家，希望父母们能从这些让人心碎的教训中汲取经验，给孩子一个安全、快乐的童年。

◉ 第十二章 儿童防骗——被骗的孩子被打残后沦为职业乞丐

近年来，孩子被拐卖、遭受性骚扰、性侵害案件逐年上升，孩子已经成为坏人下手的主要目标。孩子的防卫能力差，对坏人没有识辨能力，这使得骗子屡屡得手。本章主要介绍针对孩子的各种骗术，教会孩子如何防骗，如何保护自己，家长们也应吸取教训，防患于未然，千万不要因自己的疏忽造成孩子一生的悲剧。

老人篇：让操劳一生的父母安度晚年

老人为我们操劳一生，作为子女应该让他们安享晚年。老年人也是意外事故的多发群体，有很多事实出乎意料，例如，家庭生活中老人受到的最多意外伤害是跌倒。其实从安全防范的角度，我们应该把老人和孩子同等看待并加以关注，这也是“老小孩，小小孩”的另一种解读吧。这是由于两个因素造成的：一是身体因素，老年人精力、体力不足了，防范意识自然下降，导致意外伤害事故增多；二是性格因素，人到老年后会变得天真，识别能力变差，加之跟不上现代科技的发展，非常容易受骗。本篇针对这两个方面为读者讲解老年人的安全防范重点。

◉ 第十三章　让老年人致残、致死的十大安全隐患

本章讲述使老年人致残、致死的意外事故和意外伤害的防范方法。意外伤害已经成为威胁我国老年人生命和健康的主要危险因素之一，意外伤害让老年人致残、致死率都呈现随着年龄增加而增高的趋势。它告诉我们：对老年人意外伤害开展防治工作已经急不可待。本章总结了危害老年人的十大意外伤害及其防范措施，把这些杀手的真面目呈现给大家，希望老年人尤其是其子女们加以重视，从这些让人心碎的教训中汲取经验，给老年人一个安全、快乐的晚年。

◉ 第十四章　谨防这 12 个针对老年人的骗局

本章主要讲述针对老年人的骗术。据公安部门统计，老年人已成为团伙诈骗首选的目标。近年来，各地发生的诈骗案，主要针对目标都是老年人。有很多地方针对老年人的比例已经超过了全部诈骗案件的 50%。这些可恶的骗子，轻则让老人损失几百元的钱财，严重的则往往会达到几万、几十万元，让老人倾家荡产，甚至闹出人命！老年人手里都或多或少的有一些“养老钱”，骗子会抓住老年人关心儿女的平安、家人的健康这一弱点进行施骗，如谎称老人儿女有灾难、可帮助免灾等；或者抓住部分老年人想发财的念头，如电话中大奖，或者打着“钱生钱”的幌子进行非法集资，这些骗术对老年人的身体、心灵伤害都很大。

居家篇：居家安全防范

家是我们每个人疲劳时温馨的港湾，在外面受到伤害时安全的避难所，但是，如果我们缺乏安全意识，疏于防范，家就变成了意外事故多发的“灾难所”，例如没有定期更换煤气灶的连接管导致漏气，发生火灾；应使用三相插座的电器却用两相插座代替导致漏电等，都会导致重大事故。本篇告诉读者如何防范这些居家潜藏的安全隐患。所谓“十灾九大意”，在居家中体现得最明显，只要我们在生活中多一份细心，这些事故绝大多数都是可以避免的。

第一章

火、电隐患猛于虎

由于火灾引发的安全事故是家庭中最常见也是危害最大的事故，轻则使财务毁于一旦，重则使一家人甚至更多人丧生。本章主要讲述居家生活中最易被人忽视的常见火灾事故，尤其是用电安全常识。随着家用电器越来越多地进驻家庭，人们在享受电器带来的方便时，很容易忽视安全使用电器，结果，导致漏电，引发火灾。本章中许多看似微不足道的小防范，实际上可以防患于未然。要知道水火无情，一旦发生，后果不堪设想。

家用电器是引发火灾的最大隐患

隐患与后果

随着现代家庭使用大功率电器的增多，特别是夏季，空调、冰箱、电风扇等纷纷登场。很多家庭常常是几种电器同时使用，而且用电时间很长，一些电器甚至一天 24 小时都在不停地运转。一旦用电不慎或电器超负荷运转，线路过热，很容易造成电线短路等故障，引发火灾。特别是有的电器由于老化，使用时间过长，加上通风条件不好，积热难散，更容易发生电器爆炸和火灾。

具体说来，以下情况易引发火灾：

1. 家用电器由于使用时间长久或电器本身质量不合格、受潮受热等原因而造成电器的绝缘性能受到破坏，易于发生漏电。

2. 家用电器上的电源线已老化或外皮破损，产生漏电。

3. 家用电器使用不合规格的电源线。

4. 家用电器长期不清洁，堆满污物和灰尘。

5. 家用电器摆放在潮湿的地方，或用湿布擦拭带电的家用电器。

6. 家用电器开启时间过长，致使电器过热。

7. 用水给过热电器降温。

8. 家用电器旁堆放各种易燃物品，或放置在木质家具和易燃物品之上，引燃它物而引起火灾。

9. 各种发热的家用电器用完后没有及时关掉电源，使热量积聚。

防范措施

使用电器时，应注意做好以下几点：

1. 有条件的家庭可以安装漏电保护器，当家中发生人员触电等事故时它可以及时启动切断电源。

2. 使用合格的插线板。经常检查电线、电器，如有老化现象尽快更换。

3. 合理用电。具体表现在：一是尽量不要同时使用过多的电器，二是不要在同一个插座（指墙上的固定插座）或插线板上接入过多的电器。

4. 合理布置配电盘。选用的保险要符合规格，切不可随意更换保险丝。

5. 注意用电负荷对电线的要求，根据环境选择正确的导线类型。

6. 由于电压不稳定，应在线路中增设稳压装置。

7. 合理布置电线。对电线采取明铺时要防止绝缘层受损，如有破损要及时更换。

8. 正确使用家用电器。电器使用完毕，不仅要将其本身的开关关闭，而且还应将电源插头拔下。

9. 家用电器应摆放在干燥、阴凉、通风处，周围不要存放易燃、易爆物品，各种插座应远离火源。发热的家用电器用完后应及时关掉电源，严禁放置在木质家具和易燃品之上，防止引燃它物而引起火灾。

10. 定期对家用电器进行检查和保养，发现问题及时处理。对已损坏的绝缘零件应及时更换。对于家用电器上已老化或破皮的电源线应及时更换，更换时应符合原电源线的规格。

11. 及时清除电器上的污物和灰尘。

12. 家用电器过热时应停止使用，严禁用水降温，也不能用湿布去擦拭带电的家用电器。

电器功率大　火灾隐患多

隐患与后果

微波炉、电烤箱、电饭锅、电热水器等一般功率都在800～2 000瓦，工作电流较大(4～10安培)，都是发热电器，很容易烧断插线板的电热器件或打火引发火灾。另外，这些电器工作时本身温度较高，如果周围有易燃易爆物品，也可能引起爆炸和火灾。

2008年1月9日，安徽省巢湖市庐江县汤池镇一居民在家里用电磁炉炖肉，外出时忘记关掉电源，结果电磁炉烧干引发火灾。幸亏派出所民警及时赶到将火扑灭，才没有造成更大的损失。

2008年6月18日，广州市海珠区江燕路江燕花园一栋住宅楼的8楼窗户突然冒出浓烟。由于住户不在家，消防员不得已撬门进入将火扑灭。据了解，起火燃烧的是正在煲汤的电磁炉，上面还有一口被烧掉"耳朵"并熏得黢黑的炖锅，电源线也被烧断。

2008年7月28日，扬州市维扬区西湖镇一居民家中冒烟，蜀冈路消防中队出动3辆消防车及11人到达现场处置。经确认，引发火灾的是一个微波炉。原来该居民早上用过微波炉后没有拔电源，引起微波炉过热、爆炸，进而引发火灾。

防范措施

1. 使用家用电器时要选用插接可靠、能承受大电流负荷、并有可靠过载保护的高质量插座供电。

2. 家用电应远离易燃易爆物品，以免过热引发火灾。

3. 使用家用电器时，一定要有人在场，人离开时一定要断掉电源，不能让电器继续工作，做到人走电断。

停电事故多　防止起火灾

隐患与后果

停电虽然不是造成一些火灾的直接原因，但停电是诱发一些火灾的间接因素。这种隐患在夏季最明显。夏季属于用电高峰期，家庭用电量骤然上升，致使供电部门不堪重负。供电部门常常为确保生产用电而拉闸限电。再者，夏季也很容易发生电气事故而突然停电。因此，夏季发生停电事故明显多于其他季节。由于停电，人们常常使用蜡烛等明火照明，致使火灾发生的隐患大大增多。

重庆市九龙坡区滩子口曾发生意外大火，事后调查显示，起火原因是由于居民楼停电，有位老人用蜡烛照明引起。大火造成十几间民房烧毁，用蜡烛后在屋里睡觉的老人也被烧伤。

除此之外，因停电之前使用的电器插头未及时拔除，来电后长时间通电也很容易发热引发火灾。

防范措施

停电之后，一定要重视防火问题，应做到以下几点：

1. 有条件的家庭，要用应急照明灯照明，尽量减少用明火照明。

2. 使用蜡烛照明时，要将蜡烛放在烛台上，没有烛台的应固定在不易燃烧的物品上，千万不能放在可燃物上，以免发生意外。蜡烛不要靠近蚊帐、窗帘、报纸、书刊及其他可燃物。不要拿着蜡烛、油灯在床底下、柜橱内及其他狭小的地方找东西，以免不小心烧着可燃物引发火灾。

3. 在使用油灯、蜡烛等应急照明时，必须有人看管，做到人离开或睡觉时将火熄灭。如果大人离家仅留小孩在家睡觉时，千万不能点油灯、蜡烛照明。

4. 停电时应将电熨斗、电烙铁、电热毯和电视机等家用电器的电源插头及时拔掉，防止来电后长时间通电，温度升高，绝缘层被击穿发生短路而引发火灾。

驱虫用品要当心　制造火灾大高手

隐患与后果

在家庭住宅里，最怕有蟑螂、蚊虫、苍蝇等害虫，它们往往扰得人不得安宁，因此，几乎每个家庭都会使用防虫、灭虫的用品，如蚊香、蚊帐、驱蚊器、灭害灵等。这些用品，虽然驱逐了蚊虫，给我们带来了片刻安宁，却又或多或少地给家居安全带来隐患。蚊帐等物轻、薄，容易起火，且火势蔓延速度极快。喷雾灭虫剂受热膨胀或猛烈撞击，易燃易爆。特别值得一提的是蚊香，进入夏季后，蚊虫增多，家庭使用蚊香的次数也将增加，由于蚊香点燃后，有明火而且温度很高，常常引发火灾。

2009 年 5 月 20 日，广西北海市合浦县西华路一间民房发生了火灾。事后调查，火灾起因是蚊香引燃了一条被褥。当天晚上，户主点了一盘蚊香放在了床边，晚上睡觉不小心，把被子踢到了床下，结果蚊香把被子点着了。虽然户主发现后尽力扑灭，却没想到其他的物品也烧着了。幸得消防员及时赶到扑救，才没有火烧连营，不过由石棉瓦搭起的一间民房已经全部倒塌。

2009 年 6 月 22 日晚，浙江省宁波市江东区园丁街 88 弄一居民楼内发生火灾。起火原因是户主在卧室点着一盘蚊香后出门买东西，致使蚊香因无人看管引发火灾。

防范措施

在使用灭虫剂时，一定要做到以下几点：

1. 用蚊香驱蚊时，要远离可燃物，并将蚊香放在铁支架上或瓷碗、铁盒里，最好用不燃的金属网罩隔开，人离开时应将蚊香熄灭。

2. 用电蚊香驱蚊时，应先检查导线、插头、热敏元件是否完好，每次用毕应拔掉电源插头，冷却后还要做好清理工作。

3. 使用喷雾剂时，凡有易燃易爆性质的物品应远离火源，驱虫后应做好通风工作。

4. 家中备有灭害灵一类的喷雾剂时，应放在比较平稳的地方，防止日晒或强光照射，防止受到猛烈撞击，引发爆炸。

电热炉具虽方便　火灾隐患藏其中

隐患与后果

现代家庭大多使用电炉、电热壶等电热炉具，这些电器虽然大大节省了时间，给生活带来了便利，但是却存在着极大的安全隐患。电炉、电热壶等电热炉具都是大功率、发热的电器，若使用不当可能会引起火灾。

2009 年 1 月 18 日下午 5 时许，四川省乐山市中心城区县街 162 号的怡水华庭小区里，一户 3 楼的居民家中发生火灾。火起时，3 楼的窗户冒着滚滚浓烟，适逢住在 4 楼的居民回到小区准备上楼时及时发现了浓烟，于是拨打了 119。经过半小时的努力，大火终于被扑灭。事后调查，起火的原因是 3 楼住户家中卧室里的电热炉忘了关，导致放置在电热炉附近的易燃物品被引燃，随即发生了火灾，火势顿时蔓延到整间卧室。

水火无情，因此，居家过日子时，千万别图一时的方便，忽视家电的安全而酿成不可挽回的损失。

防范措施

在使用电热炉具时，应做到以下几点：

1. 购买电热炉具时，应买合格产品。

2. 电热炉具在使用过程中，一定要确保有人看护。

3. 电炉、电热壶在使用时，其下方的台面必须为不燃材料制作，附近不得有可燃物存放。

4. 注意电热炉具的功率和导线型号的匹配，防止由于导线负荷过大而发热熔化，引起火灾。

5. 电器插头与电源的插座部分要注意良好接触，并保持干燥。

6. 防止电热炉具余热接触可燃物而引起火灾。

谨防电饭锅引发火灾和漏电事故

隐患与后果

先看两个真实的报道：

2009年2月23日下午，在呼伦贝尔阿荣旗瑞雪淀粉厂附近，一场突如其来的大火在一座民房内肆意燃烧，由于逃生及时，房内70多岁的老妇得以脱险。火灾虽没有造成人员伤亡，但老人这幢住了近一辈子的三间民房基本被毁。据火灾现场勘察和询问当事人后认定，该火灾是老人在使用电饭锅做饭时，电饭锅短路故障产生火花引燃周围可燃物造成的。

2009年3月19日凌晨，贵州省从江县往洞乡朝利村发生一起火灾，共烧毁房屋5栋，烧死1人，受灾6户27人，直接经济损失7.2万元。有关部门经勘验和调查，确定了火灾起因：村民吴某当晚在家中用电饭锅煮饭，睡觉后未将电源切断，导致次日凌晨电线短路而引发火灾。吴某对该起火灾事故负直接责任。4月28日，法院判该村民犯失火罪，并处以有期徒刑2年，缓刑3年。

防范措施

1. 电饭锅要放在厨房专用地点，放置电饭锅的基座不应采用可燃材料，周围一定距离内不应有易燃、可燃物品，更不能放置液化石油气钢瓶。

2. 电饭锅应有固定的电源插座，不要乱拉电线为电饭锅供电，不能和其他家用电器混用电源。

3. 用电饭锅做汤、烧水时，要有人看管，不要忘记及时切断电源。

4. 电热盘和内锅外表面不可粘有饭粒等杂物，以保证两者紧密接触。电饭锅使用时，内锅要放正，放置锅内后要来回转动几下。

5. 电饭锅内锅应避免碰撞，若变形严重，应立即更换。不要用普通铝锅代替内锅。

油锅起火要注意　处理不当引火灾

隐患与后果

厨房中烧菜，难免会遇到油锅过热突然起火的事，如果处理不当，只要数十秒的时间，就可引发熊熊大火。

2008 年 4 月 16 日，山东省济南市英雄山路一家茶楼二层突然起火。厨灶上一个油锅起火后，火势迅速蔓延到整个楼层，许多小包间相继被引燃。三辆消防车迅速赶到现场，大约半小时后，大火才被扑灭。

2008 年 11 月 26 日，山东省寿光市圣城街路南一家沿街房 2 楼窗户起火，起火的原因是店里的一个员工在 2 楼房间做饭时，把油倒进锅里后就忙着去洗菜。由于锅里的油长时间加热而燃烧起来，并引燃了抽油烟机。由于整个房间既是厨房又是宿舍，屋里摆放的物品很多，且都是易燃物品，大火很快蔓延到整个房间。火灾过后，屋里一片狼藉，屋里的物品都不同程度地被烧毁，电脑、电视、冰箱、空调等电器也被烧得面目全非。

防范措施

1. 遇到油锅起火时不要慌张，油锅起火并不可怕，因为火焰被“包围”在油锅里，不去触动它，一般来说是不会扩大的。

2. 切忌用水灭火，因为水遇到热油会“炸锅”，容易伤人，十分危险！

3. 最简单的办法是将切好的菜倒进油锅，或者马上盖上锅盖，再用湿毛巾覆盖，隔绝空气，接着迅速关闭煤气或电源开关。

薄薄电热毯　最易引火灾

隐患与后果

冬天来了，电热毯又成为大家频频使用的物品。虽然它给人们带来了极大的方便，但其电热芯与可燃的布、棉等物连在一起，稍有不慎，就会引起火灾，特别是简易普通型的电热毯，靠人工控制温度，具有更大的火灾危险性。

一般情况下，通电时间过长、电热元件受损、电热毯质量不合格、电热毯控温装置发生故障、电热毯受潮等多种原因都会导致电热毯发生火灾。

2008年11月1日傍晚，烟台市开发区东星小区一户居民家因使用电热毯不当引发火灾。幸被邻居及时发现报了火警，才未造成人员伤亡和更大的财产损失。事后调查，起火的原因是住户忘记拔掉电热毯的电源，致使电热毯通电时间过长引燃被褥。

消防人员称，在冬季火灾中，由电器特别是电热毯引发的火灾占到了很大比例，其中与居民使用电器不当有很大关系。

此外，旧电热毯尤其容易引发问题。海外研究表明，每年旧电热毯引发的火灾多达数千起，其中使用了10年以上的电热毯更是罪魁祸首。

防范措施

1. 在每年冬季开始时，应检查电热毯的电线、导线及热点是否损坏。如有破损，切不可随意拆修，要请专业人员修理。

2. 使用电热毯时，不要直接与身体接触，应该在电热毯上平铺一层薄褥子，然后插电使电热毯提前预热，但最长不要超过1小时。睡觉时一定要拔掉电源线。

3. 电热毯不要折叠使用，更不能揉搓，以免发生电热毯内部电源短路，从而造成火灾。

4. 不要在电热毯上饮水或食用含水分的食物，防止水进入电热毯内造成电源短路。

5. 为了防止一时疏忽忘记切断电源，可以使用三通插头，一头插电灯，一头接电热毯。这样，入夜开灯时电热毯便通电升温，睡觉关灯后电热毯也随之断电。

6. 小孩睡觉最好不用电热毯，避免因尿床引起触电。

7. 存放电热毯应尽量避免折叠、受潮。长期不用的电热毯再用时要仔细检查有无漏电现象。

8. 切勿购买和使用“二手”电热毯。

9. 一旦电热毯起火，首先要断电源，再设法将火扑灭。

饮水机使用不当　会引火灾

隐患与后果

饮水机的问世解决了人们反复烧水的烦恼，但如果饮水机质量不合格，或者使用不当，也会为家庭和社会带来火灾的威胁。

一般饮水机主要由加热器、工作温控器、压缩机制冷保护温控器、电子制冷、消毒器组、显示组件等构成。饮水机发生火灾，主要原因有：温度控制装置失灵；电热元件损坏，短路，负载电流过大，超出导线的安全电流；饮水机无干烧装置的内胆脱水，形成“干烧”；饮水机内线路老化，等等。

防范措施

为防止饮水机发生火灾，必须注意以下几点：

1. 购买饮水机时要有产品合格证，一旦发生事故，可通过消费者协会维护自己的权益。切莫贪图便宜购置“三无”产品。

2. 放置饮水机要选择适当的位置，保证饮水机始终处在良好的通风环境中。饮水机不要放在可燃物上，特别是不能靠近易燃、可燃物品，以免发生火灾后火势蔓延。不要将饮水机放置在有易燃易爆、腐蚀性气体、热源、火源、潮湿和灰尘的环境中。此外，饮水机也不能放在卧室。

3. 在使用饮水机的过程中，如发现有异常气味和异常噪声，应立即切断电源，及时检修。

4. 饮水机在晚上或长期无人使用时，应将电源线插头拔掉或将电源开关关掉。

5. 桶装水用完后，要及时拔掉电源插头。

6. 公共场所或办公场所使用饮水机要经常检查，发现损坏或故障，要及时进行修理更换，有条件的可安装漏电保护装置。

照明灯具重点防　引起大火没商量

隐患与后果

家用照明灯具（如白炽灯、日光灯、节能灯等）一般工作电流不大，但瞬间启动电流较大，可能会因为过高电压和频繁开关引起短路，发生火灾事故。还记得十几年前新疆发生的几百个孩子被烧死的惨案吗？

1994 年 12 月 8 日，在新疆克拉玛依友谊馆，因舞台纱幕距光柱灯仅 23 厘米，导致幕布被热量烤燃，造成 300 多人死亡，100 多人烧伤，受害的大多是孩子。

这场事故成为当年世界上十大事故之一，更重要的是，这场事故改变了许多人的人生轨迹。虽然这不是一起家庭事故，但它告诉我们，在我们的小家庭中，如果灯具设置不合理，同样有烤焦周边可燃物的隐患。

另外，当灯具照明时间过长时，表面温度过高，玻璃壳受热不均及水珠溅到高热的灯泡上都会发生爆裂，此时掉下的玻璃碎片或灯丝会使可燃物起火。灯头接触不良，灯头与玻璃壳松动，电气线路破损、接头松动等也可引发火灾。

防范措施

采用电气照明时应做好防护措施：

1. 要与可燃物保持一定的安全距离，灯具不得用纸、布等包裹。灯具与地面距离应大于 2 米，下方也不可堆放可燃物。灯具所选用的导线应合适，不得随意更换大功率灯具，不得乱拉乱接电线、电器。在易受碰撞的场所，灯具上应安装金属或其他网罩防护。灯具所使用的镇流器，不准直接安装在可燃构件上，应用不可燃材料隔垫。

2. 灯泡是家庭常用的电光源，其功率选择是否适当，直接关系到照明效果。因此选择一定要恰当，功率过大，既浪费电能，又容易发热，极有可能引发各类事故（如火灾、触电等）；功率过小，又达不到较佳的照明效果。

一般来说，卫生间的照明每平方米 2 瓦就可以了。餐厅和厨房每平方米 4瓦也足够了，而书房和客厅要大些，每平方米需 8 瓦。在写字台和床头柜上的台灯可用 15～60 瓦的灯泡，最好不要超过 60 瓦。

铁丝代替保险丝 存在火灾大隐患

隐患与后果

虽然现在大多数家庭都意识到了用电安全，而且会规范用电，但是在一些地区还是有私自拉接电线和超负荷安装用电器具的现象。为了保证不断电，有些人会用铜丝、铁丝代替保险丝，这是很危险的，极易引发火灾。

2009 年 5 月 13 日，南充市一家童装店发生火灾。事后调查，店主违规使用铜丝替代保险丝，给本次事故埋下隐患。事发当晚，该店老板在底楼商铺为电瓶车充电，由于进户线安装的闸刀开关上违规使用铜丝替代保险丝，在充电过程中，电器线路出现短路，结果引发了火灾。

消防安全意识淡薄造成了这一安全隐患。在设计电路时，保险丝的负载大小都是按照额定用电负荷配备的，超过额定负荷时，保险丝会熔断以保护整个线路的安全。如果用铁丝、铜丝代替保险丝，由于它们的熔点远远高于保险丝的熔点，所以即使用电超载也不会烧断。这时候，电线、电器或其他部位可能会因为超载引发短路、过热、电压不稳，最后导致安全事故。

防范措施

1. 在任何情况下，不得私自随意更换或用铝、铜、铁丝代替保险丝。
2. 经常检查电气线路，不得用橡皮膏等医用胶带代替绝缘胶布。

吃火锅要当心 莫要“吃”出火灾来

隐患与后果

冬季天气寒冷，一家人围着暖融融的火锅用餐，其乐融融，但火锅若使用不当，则极易酿成事故，“吃”出灾难来，因此我们了解一些安全使用火锅的常识很有必要。

2008 年 11 月 30 日下午，北京国际饭店的一名服务员乐某陪同饭店厨师池某到北京凯博餐饮有限公司为其试制一种新的火锅底料。随后在试吃过程中，由于凯博餐饮公司的员工在添加液体酒精的过程中操作不当，酒精炉突然窜出火苗，坐在对面的乐某当即烧伤变成“火人”，火扑灭后，乐某的双手、胸部、面部等多处大面积烧伤。

享受美食原本是件美事，可如果不注意安全，美事也会变成祸事。我们应该记住，在享受的同时一定要防患于未然，消除存在的隐患。

防范措施

1. 居民购买火锅时，一定要购买合格的火锅产品。火锅使用前，要先掌握使用方法和安全知识。

2. 若使用的是炭火锅，要在火锅底下垫一只盘子，少放一点清水，以防高温烤坏桌面甚至引起火灾。若使用的是液化石油气火锅，使用时应防止气体泄漏。点火后，注意燃烧情况随时调节火焰，防止汤水沸溢，灭火跑气，造成煤气中毒或火灾爆炸事故。不用时要切断气源。吃火锅时，切忌将整个身子前倾趴在火锅上方，一定要远离火源。

3. 若使用的是电火锅，通电源时，电源线要先接火锅，后接电源，切勿使食物溢出，若有溢出，要先断电源，后擦干净。火锅用完后要切断电源。

4. 若使用的是酒精火锅，在火锅上应放一只盘子，以防止酒精泼向明火，引起爆燃。使用时应先将酒精倒入酒精盘内再点火，绝对不可向燃着的火锅加酒精。若需要添加酒精，要待明火熄灭后，锅体温度下降了再加。

小小“热得快”　引发大火灾

隐患与后果

“热得快”是家喻户晓的电器用品，用于烧水。由于其原理简单、市场价格便宜、使用便捷，赢得了消费者的“青睐”，在校院里更是“英雄”有用武之地。然而，“热得快”在带给使用者便利的同时，也潜伏着不可忽视的祸患。

从构造上而言，“热得快”本身就是一种极不规范的电热器具，而且市场上许多“热得快”都属于伪劣产品。“热得快”是以较大的电阻发热来获得热量，这种直接通电发热的方式几乎和使用明火一样危险，本身就存在火险隐患。由于“热得快”在烧沸水后，本身不能断电，如果使用者忘记拔插头，水烧干后极易引发火灾。

浙江省杭州市临平商业大厦曾发生大火，大火从2楼一直烧到5楼。消防部门统计，过火面积在1 500平方米左右，造成财产损失达59.902 4万元。事后调查，火灾事故竟源于一个小小的“热得快”。当晚10时许，原杭州市怡生堂大药房有限公司职工姜志国在位于余杭临平商业大厦2楼的宿舍内，使用“热得快”烧水，在没有将电源插头拔掉的情况下，关门外出。由于长时间通电，“热得快”烧干热水瓶内的水后，导致热水瓶内胆爆裂，引燃热水瓶可燃塑料外壳而引燃成灾，造成商业大厦着火。

2008年11月14日，早晨6时10分许，上海商学院一幢宿舍楼602女生寝室失火，火灾造成4名学生死亡。据逃生的两名女生回忆，因为宿舍有用“热得快”烧热水的习惯，她们怀疑是“热得快”引燃了堆放杂物的下铺。

这些血淋淋的事实告诉我们，“热得快”虽小，危害却不小！我们在使用时，一定要提高警惕，别让它发展成一颗危险的“炸弹”。

此外，就健康而言，用“热得快”烧水，暖瓶内易形成水垢，久而久之水垢越积越厚，不仅水的口感不佳，而且饮用过多含水垢的水对健康不利。

防范措施

热水器、电水壶、“热得快”已成为人们生活中不可缺少的家用电器，它方便了人们的生活。如何防止热水器、电水壶、“热得快”引起的火灾，应注意以下几个方面：

1. 要购买、使用有合格证的“热得快”等电器产品。

2. 按照功率较大电器的一般要求安装和使用。供电线路导线和保险丝的容量要适应，电源插头接触要可靠，电源线的绝缘要完好无损。

3. 掌握正确的使用方法。使用时要先将电器放入水后再接通电源，用完后关掉电源。

4. 使用时不能长时间离开人，停电和用完后要及时切断电源。

5. 使用时要注意液面高度，以避免电器在工作时露出液面，同时要考虑容器的质量，以防止在加热时爆裂破开。

电冰箱也会引火上身

隐患与后果

电冰箱是冷冻食物的，不过别以为它永远是冷冰冰的，如果用如下方式使用电冰箱，就有可能引起火灾：

1. 没有将新买冰箱的可燃性包装材料及时拆掉。

2. 电冰箱的后部潮湿或不通风。

3. 压缩机、冷凝器与电源线等接触。

4. 在电冰箱中储存乙醚等低沸点易燃液体。

5. 在带电状态下用湿抹布擦冰箱，以致温控电气开关存在受潮失灵的隐患。

6. 频繁开、关电冰箱，每次停机、关机间隔低于 5 分钟。

7. 电源接地线与煤气管道等接触，一旦发生火灾时，损失将会很惨重。

8. 电冰箱的电源线接拉过长，拖在地上。

9. 与其他电器共用插座，可能会因插座超负荷，短路起火。

防范措施

为预防发生不幸，使用电冰箱时要注意：

1. 保证电冰箱的后部干燥通风，新买冰箱的可燃性包装材料应及时拆掉。

2. 防止压缩机、冷凝器与电源线等接触，电源接地线不要与煤气管道相连，否则发生火灾时，损失惨重。

3. 电冰箱的电源线不要接拉过长，拖在地上，特别是电源插头最好是独立的，不要与其他电器共用插座，以防止短路起火。

4. 不要在带电状态下用湿抹布擦冰箱，防止温控电气开关受潮失灵。

5. 勿频繁开、关电冰箱，每次停机 5 分钟后方可再开机启动。

6. 勿在电冰箱中储存低沸点易燃液体，若需存放时，应先将温控器改装至机外。

洗衣机使用不当也会引发火灾

隐患与后果

洗衣机不仅减轻了人们繁重的家务劳动，而且还节省时间、水和洗涤剂。然而，这个同水打交道的电器，也存在着火灾隐患，一旦使用不当，就会引发火灾。

沈阳市和平区新兴街一居民家曾发生一场怪火。引起火灾的罪魁祸首竟然是一台洗衣机。原来，户主对洗衣机有自动断电功能深信不疑，洗衣机始终插着电源，结果一周未用的洗衣机突然起火，将空无一人的家烧得一片狼藉。

洗衣机火灾主要由以下原因引起：

1. 电机线因绝缘损坏。电机是洗衣机最主要的部件，当电机线圈受潮、绝缘电阻降低时，会发生漏电，轻则人在洗衣服时感到手麻，重则会使线圈冒烟起火。当衣服洗得太多，负荷加大或波轮被卡住，电机停转时，线圈电流增大，也会发热引起火灾。

2. 当电源电压低于 198 伏时，线圈电流会增大，导致线圈发热，引起火灾。

3. 洗衣机内导线接头多，若接触不良，接触电阻过大，就会出现发热、打火现象。

4. 电容器爆燃。由于质量低劣或受潮，致使绝缘性能降低，漏电流逐渐增大，电容器会发生爆燃。

防范措施

为了保证安全使用洗衣机，防止火灾发生，使用洗衣机时应采取下列措施：

1. 凡是刚用汽油、香蕉水等易燃液体洗刷过的衣物，绝不能马上放入洗衣机洗涤，应先拿到室外晾晒，待易燃液体挥发完后，才能用洗衣机洗涤。

2. 一次放入洗衣机内的衣服不能超过该机规定的洗衣质量，并应首先处理好衣物上的小物体，以防止电机超负荷运转或卡住停转，避免停转后电机线圈电流增大，线圈过热，发生短路故障而起火致灾。

3. 自动断电不等于高枕无忧。现代家用电器设备大多是全自动的，自动断电是很多家电的功能之一，如同电视机的遥控器。这种断电只能控制电路，不能完全断电，内部的微电脑仍在用电，使用的小变压器长时间发热，极易造成安全隐患。这种自动断电也很难抵御雷击。在此提醒读者，不要完全寄希望于自动断电。最安全、有效的方法是，随手拔掉电源，将插头远离插座。

4. 定期给洗衣机做“体检”。

(1) 经常检查洗衣机电源线的绝缘层是否完好，若已磨破、老化或有裂纹应及时更换。

(2) 接好地线。把地线接在地下金属材料上，若发生漏电现象，漏电流会引入地下，并降低机壳对地电压。漏电流增大时，会烧断线路保险丝，保护人身安全。

(3) 经常检查洗衣机波轮轴是否漏水。若漏水会顺皮带流入电机内部，造成线路短路。所以发现漏水，应停止使用，尽快修理。

(4) 机内导线接头要牢固。接好后还要进行良好的绝缘处理，最好采用胶封，以确保安全。接头采用胶布绝缘时，易老化。若采用塑料套，易滑脱造成线间短路。

(5) 接通电源后电机不转并发出“嗡嗡”响时，应立即断电，排除故障后再使用。

(6) 若定时器、选择开关接触不良，说明触头烧蚀或弹片压力减退，可用金属砂纸磨修触头，并用镊子调整弹片，以保证其正常接触或断开。

(7) 电源电压不能太低或太高。若电源电压波动超过10%，即低于198伏或高于242伏时，应停止使用。

电脑“好助手”　起火变“凶手”

隐患与后果

随着生活节奏的加快和科技水平的提高，电脑已成为人们工作生活中的得力助手。但是，如果使用不当，这位得力助手也可能变成引发火灾的“凶手”。资料显示，近年随着电脑使用的普及，已发生多起因电脑引起的火灾事故。据有关消防专家介绍，电脑引发火灾主要是因其散热不良、电压不稳、长时间未断电源、电路板毁坏、电子元器件过热等原因。

2008 年 2 月 15 日凌晨，浙江省义乌市义亭镇一酒店发生一起重大火灾事故，造成 11 人死亡，4 人受伤。据调查，罪魁祸首竟是放在总台的电脑主机。由于长时间处于开机状态，又没有专人负责电脑的日常维护，电脑主机起火引发了火灾，最终导致悲剧的发生。

此外，电脑使用者使用习惯不同，安全隐患也有很多种。有的机主对电脑构造认识不足，在组装电脑过程中容易造成隐患；有的将电脑三相插头掰成两相使用；有的在通电时随意搬动、拆装电脑；有的在通电时随意进行外部设备的连接、乱拔接头等。这些机主的行为在无意中就有可能给自己带来无法预料的危险。

防范措施

1. 电脑显示器和机箱散发热量比较高，应该保持良好的散热通风环境，电脑周围应至少保持 10 厘米的空间。

2. 在电脑使用过程中，用户最好购买正规厂家生产的合格产品，并严格按照有关规范安装配电设施、电气线路。不要将电源线捆绑，并避免被重物压住。不要超负荷运行，杜绝同时使用电炉、电热器等大功率电器。同时，用户在使用电脑时，要尽量避免插接或拔出插头、随意搬动电脑及其他部件。配置电脑应选用品牌机，即使组装机也要挑选品牌元件，这样才能保证质量，防止元器件因质量问题而过热起火。

3. 一旦电脑着火，应采取以下应对方法：

（1）电脑开始冒烟或起火时，马上拔掉插头或关掉总开关，然后用湿地毯或棉被等盖住电脑，这样既能阻止烟火蔓延，也可挡住荧光屏的玻璃碎片。

（2）切勿向失火电脑泼水，即使电脑已经关机也不行，因为温度突然下降会使炽热的显像管爆裂。此外，电脑内仍有剩余电流，泼水可能引起触电。

（3）切勿揭起覆盖物观看，灭火时，为防止显像管爆炸伤人，只能从侧面或后面接近电脑。

使用空调要当心　方法不当引火灾

隐患与后果

到了夏季，气温逐渐攀升，不少家庭开始使用空调，空调火灾事故也就成为入夏以后又一重大火灾隐患。

2008年8月24日晚，上海市闵行区的一户居民家中着火，户主被大火惊醒，家中的客厅、餐厅及厨房几乎化为灰烬。经消防部门认定，火灾是由“空调电气线路故障引起并扩大成灾”。原来，罪魁祸首竟是客厅里的一台柜式空调。

2009年4月19日10时20分许，位于南京军人俱乐部内的中环国际广场的空调外机井着火，过火面积约400平方米。经过一个多小时的扑救，明火被完全扑灭，无人员伤亡。

空调引起火灾的主要原因有：

1. 安装空调时，未考虑电路、电表的承载能力，结果出现“‘小马拉大车’，严重超负荷”的现象。

2. 空调制冷、制热时突然停机或停电，电热丝与风扇电机同时切断或风扇发生故障，热元件余热聚积，使周围温度上升，引发火灾。

3. 电容器发热、受潮，绝缘性能降低，导致发生击穿故障，再引燃机内垫衬的可燃材料造成起火。

4. 轴流或离心风扇因机械故障被卡住，风扇电机温度上升，导致过热短路起火。

5. 安装空调时将电源直接接入了没有保险装置的电源电路。

6. 空调油浸电容器质量太差，或者在制造过程中电容介质受过损伤，经长时间工作后被击穿起火。此外，机内分隔板和衬垫多为可燃材料，易被电容器击穿时产生的火花引燃，蔓延至窗帘等装饰物成灾。

7. 操作不当。关掉电源后，未开启风扇让其转动，电阻丝仍保留着高温，导致周围可燃构件分解、炭化起火。

防范措施

预防空调火灾，专家提醒应注意以下几点：

1. 增大用户的用电容量，采用不小于 15 安培的电度表，电源线最好用铜导线，其截面应不小于 2.5 平方毫米。

2. 空调不要直接安装在可燃物上，也不要放置在可燃的地板或地毯上。其电源线应该有良好的绝缘，最好用金属套管予以保护，千万不要在地面上拖来拖去。

3. 空调机应有良好的接地装置，随时导出静电，以预防静电打火引起火灾。

4. 安装空调的场所，如果安装有火灾报警器探头，其空调的送风口距火灾报警器探头的水平距离应不小于 1.5 米；否则，报警设备将会失控，只要一开机，就会显示火警信号，使用户警觉。

5. 空调安装应设置专用线路，符合额定电流，并设置单独的过载保护装置，即每台空调应有单独的保险熔断器和电源插座，不要同家用电脑等电器共用一个万能插座。使用空调时应有人监视，外出时，应当将空调电源切断。

6. 空调不要靠近窗帘、门帘等悬挂物，以免悬挂物卷入电机而使电机发热起火。悬挂式空调正下方也不要放置可燃物。遇有雷雨天气时，最好不要使用空调，因为空调不具备防雷功能，安装在高楼上的空调很难回避雷电的侵袭。

7. 长时间停运的空调，在重新启动前，先要进行一次检查保养，如无故障再投入运行，千万不能“带病”工作。

8. 使用空调时要倍加注意，短时间内不要频繁关闭空调，当停电或拔掉电源插头后，一定要将开关置于“停”的位置，待接通电源后，重新按启动步骤操作。停电时勿忘将开关置于“停”的位置。

9. 使用空调的场所或家庭，应当配备两个不小于两公斤容量的干粉灭火器、二氧化碳灭火器或卤代烷灭火器，以防患未然。

乱扔小烟头　引发大火灾

隐患与后果

吸烟不仅有害健康，稍有不慎，燃着的烟头还会引起火灾。血与火的教训表明，小小烟头，危害无穷！看看以下的真实报道：

2008年10月28日，南宁市新华路步行街一间正在装修的商铺发生火灾。南宁市消防支队朝阳中队经过40多分钟的扑救，才将火势控制住。据悉，这起火灾的原因是由于该商铺杂物太多，加上摆放零乱，有人乱丢烟头所致。

2009年3月2日，乌鲁木齐市国贸大厦发生火灾。国贸大厦A座南侧8～20层外墙装饰材料发生火灾，由于该建筑内部消防设施及时启动，有效阻止了火势的扩大蔓延，经过45分钟的扑救，大火被完全扑灭，无人员伤亡。据消防部门调查人员走访调查，确定火灾原因系由大厦A座室内楼梯间前室窗户内向外乱扔的烟头引燃了货梯机房顶部堆放的可燃杂物，火势沿外墙装饰的铝塑板向上蔓延成火灾。火灾造成国贸大厦A座南侧8～20层外墙局部铝塑装饰材料烧毁，过火面积150平方米，损失达5.8万元。

防范措施

防止烟头引发火灾，一定要纠正不良的吸烟习惯，要从以下几点做起：

1. 不要躺在床上或沙发上吸烟。一些人喜欢躺在床上或沙发上吸烟，特别是在喝醉了酒或过度疲劳的情况下，往往一支烟未吸完，人已入睡，或者昏昏沉沉、糊里糊涂，以致带火的烟头掉在被褥、蚊帐、衣服、沙发或地毯等可燃物上，引起火灾。

2. 不要随手乱放点着的香烟。工作中随手将点燃的香烟放在桌上、窗台边上等，人离开时烟火未熄，会造成烟头引燃可燃物并蔓延而引起火灾。

3. 不要在吸烟时寻找东西。如在工作时一面叼着香烟，一面打开办公桌的抽屉，寻找文件资料，或在货架上取货，烟灰落在抽屉里或货架上，易引起可燃物起火。

4. 不要乱丢烟头和火柴梗、乱磕烟灰，更不要将点燃的烟头随处乱放等。

这些都是吸烟引起火灾常见的原因之一，很容易引燃可燃物，引起火灾。如将烟头丢进废纸篓里，或丢在柴草堆旁、晒衣场上、干草丛中，甚至将烟头丢进化工生产区的窨井洞里，或经常出现沼气的深井里，或残留着易燃可燃油品的下水道里，都会引起这些地方的易燃可燃物燃烧，甚至发生爆炸伤人。

5. 不要在维修汽车和清洗机件时吸烟。维修和清洗作业大多用油桶、油盘等开敞器皿盛放易燃或燃烧体，工人的手上、衣服上经常沾满了溶剂和油脂，如果养成了习惯情不自禁去吸烟，则很容易起火，而且可能直接造成人员伤亡事故。

6. 在刮风的日子，不要在室外或野外吸烟。

莫让孩子成为纵火者

隐患与后果

在每年的寒、暑假期里，孩子们无拘无束，待在家里时间比较长。特别是很多家庭，由于大人忙于工作，小孩常常独自待在家里，无人照管。小孩天性好动，好奇心强，自我控制能力差，安全意识薄弱，一不小心，就会忙里添乱给家庭带来意想不到的火灾事故。看看这些年发生的小孩“纵火案”：

汕头市岐山街道某出租屋，一对父母因外出做生意把小孩反锁在家中，结果待在屋里的小孩因发闷就想到了玩火，最终引发火灾，3 名儿童葬身火海。

昆明市官渡区板桥街 141 号曾发生大火，大火烧毁民房 50 余平方米，烧死 3 名小孩。而起火原因竟然是小孩玩火引发了火灾。

贵州榕江县兴华乡兴月村一组岜海矿山发生特大火灾，6 名儿童葬身火海。他们中最大的 7 岁，最小的仅有 3 岁。事后调查发现，该起火灾系小孩玩火所致。

防范措施

平时对孩子进行防火教育，增强他们的消防安全意识非常重要，可从以下几点出发：

1. 家长应对孩子加强管教。要把火柴、打火机等放在孩子拿不到的地方，家中的煤气炉灶(液化气炉灶)等不要让孩子随意开启。对孩子模仿大人吸烟的行为要制止，不准孩子在柴草堆旁或野外玩火。室内、可燃建筑、柴草堆等场所禁止孩子燃放烟花、爆竹，更不准孩子摆弄鞭炮中的火药。

2. 家长外出时不能将孩子独自留在家中或反锁在室内，应托人照看。

3. 幼儿园、学校的老师应对少年儿童进行防火教育，讲授防火安全知识，还可组织他们参观消防队表演，观看防火教育影片等。

4. 社会上有关部门和单位也应创造条件，特别是在寒、暑假及农忙季节，把少年儿童组织起来，开展一些有益的活动，以减少小孩玩火的机会。

好家具也会引火烧身

隐患与后果

漂亮、适用的家具给我们的生活带来了美感和享受，殊不知，这些或高档或价廉的木质家具也潜藏着火灾隐患，容易成为火灾的源头。

北京市丰台区玉泉营环岛家具城曾发生特大火灾，119 消防指挥中心调集 17 个消防队 78 辆消防车，600 名消防队员前往扑救。市环卫局调集 10 辆洒水车运水补水，经过两个多小时的扑救，大火才被扑灭。火灾造成两万平方米的家具城及其展销家具化为灰烬，直接经济损失达两千多万元。

在获取了确凿的人证和科学检测的基础上，北京市消防部门认定：这起特大火灾的起火原因是由于家具城北厅的电铃线圈过热，引燃了裹在线圈外部的牛皮纸、塑料布、后盖、底座，燃烧物掉落在电铃下面的沙发上引起火灾的。

残酷的事实使我们不得不以另一个视角来关注我们的家具和装修。在一个装饰得精美豪华的家庭居室中，其实有不少火灾的隐患。如果能在布置新居时消除这些隐患，就能真正拥有一个安全、舒适和可靠的家。

防范措施

在摆放家具时应注意以下几点：

1. 让家具远离热源。这样做不仅能避免火灾隐患，而且对家具的使用和保养也有很大的好处。

2. 在不能躲开热源的空间里，使用能久经“烤”验的家具。例如，在厨房里最好使用以防火板制造的家具，或者选择经过防火处理的木材制作的实木家具。使用这些家具并不能保证万无一失，但可以在火灾发生时把损失降到最低，并为扑灭火灾赢得宝贵的时间。

3. 不要在过道的位置上摆放过多的家具，以防火灾时影响安全撤离。

4. 在装修中注意采用防火材料。据了解，目前家庭使用的许多装饰材料，在防火方面都达不到标准。虽然不会燃烧的石材、铁艺和涂料不存在火灾隐患，但为了追求家居的温馨，很多家庭大量使用木材、布艺等易燃物作为室内的装饰材料。在选用这些产品时，同样要选择经过防火处理的。

5. 一定要配备轻便灭火器，而且家庭里每一位成员都应懂得基本的使用技能，因为从初期火灾到火灾完全蔓延开来约有三五分钟的时间，家里只要有件简单的灭火器材，这段时间完全可以将火扑灭。

防其他易燃易爆物品引发火灾

隐患与后果

家庭中使用或存放的一些易燃易爆物品，很容易燃烧爆炸引发火灾，如生活中使用的煤气、液化气、车用汽油、油漆、香水、摩丝等。特别是夏季更是隐患重重，因为夏季气温普遍大幅上升，平均温度高达 30 多摄氏度，室外温度有时达 40~50 摄氏度，如果这些易燃易爆物品长时间暴露在阳光下或者堆放处不通风，极易因热量积聚发生爆炸引发火灾。

2009 年 7 月 12 日，广西桂林市某银行营业大厅内突然“砰”的一声巨响，把当时正在办理业务的客户、银行工作人员和保安吓了一大跳。仔细查看发现，发生爆炸的是一个一次性打火机，浅绿色的塑料外壳已经碎裂，散落在一名男子身边的地面上，大厅内弥漫着一股刺鼻的汽油味道。原来，那名男子从口袋拿东西时，不慎把口袋里面的打火机带了出来，结果掉在地上引起了爆炸。事后，这名男子认为打火机爆炸的原因除了是劣质打火机外，最主要的应该是盛夏高温季节，打火机内装的可燃气体在高温及突然撞击后急剧膨胀，从而引起了爆炸。

2008年8月29日中午12点30分，山东济南市历下区舜井街南头一停车场内有一辆面包车发生爆炸。警察调查后发现，爆炸物是放在车内后座上的一瓶杀虫剂。由于天热车内气温高，杀虫剂受热发生爆炸，将面包车后窗的两块玻璃震碎了。由于爆炸的冲击力很大，将停在一旁的一辆轿车的后窗玻璃也同时震碎了，所幸没有人员伤亡。

防范措施

1. 家里有易燃易爆物品时，用完后应放在阴凉通风处保存，千万不要长时间暴露在太阳下。

2. 不要把易燃易爆物品堆放在火源附近，如煤气、电器、电线等旁边，否则火灾隐患随时存在。

第二章

煤气、燃气防泄漏

近年来，燃气（天然气和液化气）中毒、爆炸事故频频发生，本章主要介绍如何防范日常生活中因疏忽大意或者缺乏安全常识，如长期不更换燃气管，不定期检查燃气灶、胡乱放置燃气瓶等，而造成的燃气泄漏、爆炸等事故。这些事故轻则使人中毒，重则导致爆炸、火灾，致人死亡。

燃气管易老化　定期更换防漏气

隐患与后果

居家过日子，煤气、燃气成为居家安全的一个重要威胁，每年因煤气中毒的惨案频发。由于燃气管老化致使燃气泄漏是中毒事故中的一个重要原因。

导致燃气管漏气主要有以下两个原因：

一是多数家庭通常对于灶具连接燃气管道的胶管老化注意不够。

二是由于夏季气温高，压力比冬季大，温度升高有可能导致软管接口处松动。此外，燃气表管接头、阀门灶具开关等部位也容易漏气。

燃气管老化，会使燃气泄漏，引发煤气中毒事故，轻者头晕，重者窒息身亡。

上海市黄浦区牌楼路 29 号 402 室发生过一起煤气中毒事故，一名 26 岁男子因中毒过深，抢救无效死亡。燃气公司相关人员对现场进行了调查，并发出燃气安全隐患整改建议书。从建议书上看到，发生煤气泄漏的燃气灶没有熄火保护装置，煤气灶上使用的橡胶管也已老化。

防范措施

1. 定期检查煤气软管、接头，防止老化、松动。要经常检查胶皮管是否损坏、老化。由于温度的影响、重物的挤压、尖硬物的穿刺，都可能使胶皮管产生裂缝和气孔而漏气。发现上述情况时，用户应及时到地区煤气管理站更换新胶管，切勿凑合使用。凡胶管老化或是使用年限超过 2 年以上的必须更换新胶管，最好请燃气专业维修人员上门更换。

2. 燃气灶具的接头大于或小于胶管和管道接头管径的，要及时更换灶具。凡使用嵌入式灶具，尽快将胶管两端改为丝扣连接，以消除隐患。

3. 定期检查燃气灶具连接燃气管道的两端是否漏气，一旦发现漏气要立即用卡箍紧固连接点，确保连接牢固不漏气。

4. 夏季用户往往会关窗避热，因此在使用燃气时要注意通风换气，同时要有人照看，以免火焰被风吹灭发生危险。居民在用气时发现问题或意外情况时要立即报修，以免贻误时机引发事故。

小心嵌入式燃气灶要了命

隐患与后果

在使用的燃气灶中，外观轻巧的嵌入式燃气灶因其占用空间小而越来越受到人们的青睐，殊不知，这种燃气灶存在着极大的安全隐患。

目前市场上销售的嵌入式燃气灶合格率很低，多数嵌入式燃气灶具没有安装熄火保护这一重要的安全性装置，存在漏气的危险。

浙江省一市民在清洁燃气灶时，不慎碰松了嵌入式燃气灶胶管的接口，导致煤气积聚在橱柜中。当晚，在打开灶具烧水时，燃气灶发生爆炸。事后调查显示，这一爆炸事故的原因是由于使用的嵌入式燃气灶没有安装熄火保护装置。

质监局的专家介绍，熄火保护装置是燃气灶的一个重要的安全性装置，目的是在灶具发生意外熄火后几秒钟内自动切断气源，起到安全保护作用。没有加装熄火保护装置的燃气灶在意外熄火的情况下，燃气泄漏后在厨柜内容易聚集，遇明火极易引发爆炸事故。

防范措施

1. 如果家中使用的是嵌入式燃气灶，最好检查一下，看看是否有熄火保护装置，如果没有就立即换掉。

2. 判断煤气灶是否是合格产品，可通过以下几点识别：

首先，查看炉头上的点火针。如果炉头上只有一根点火针，说明是不合格产品，不要购买。

其次，如果是双针头的嵌入式燃气灶，可以用水将燃气灶浇灭，如果燃气灶不能在 60 秒以内自动切断燃气的，同样是不合格产品。

3. 选购带有熄火装置的品牌燃气灶。最好选择专业生产厂家的产品，选购时，要注意灶具是否具有好的售后服务，灶具外观应该是包装整齐、标志齐全。另外，灶具上标注的产品名称、使用燃气种类、燃气额定压力、制造厂名、生产日期更是一个都不能少。

4. 燃气灶具安装设置应注意以下几点：

（1）燃气灶应安装在通风良好的厨房内。

（2）利用卧室的套间或用户单独使用的走廊作厨房时，应设门并与卧室隔开。

（3）安装燃气灶具的房间净高不得低于 2.2 米。

（4）灶与可燃或不耐火墙壁之间应采取有效的防火隔热措施。

（5）灶面边缘与木质家具水平距离不应小于 0.2 米。

（6）灶具钢瓶或燃气立管应保持 0.5 米水平距离，与燃气表保持 0.3 米水平距离。

劣质燃气瓶　爆炸没商量

隐患与后果

除了管道燃气外，很多家庭使用的是燃气钢瓶，这些钢瓶看上去很结实安全，然而，意想不到的是，却有近一半是不合格品，存在着安全隐患，成为我们身边一颗不定时的“炸弹”。

据统计，在我国常年使用的7 000万~8 000万个液化气瓶中，有超过1/3的气瓶存在质量隐患！

按国家技术监督局的强制性标准，制造液化石油气瓶的钢板必须是专业用的“气瓶板”。这种钢板有足够的延伸率，万一瓶内液体受热膨胀，气瓶体积可以在一定程度上随之增大，避免瓶内压力过大而胀破气瓶，引起爆炸。但这种钢板比非专业用钢板每吨贵400多元。于是，一些厂家为了节约成本，用其他钢板取而代之。仅此一项，每个气瓶大约可以降低成本7元。

另外，有的厂家使用厚度不合格的钢板。按强制性标准，5公斤瓶应使用2.5毫米厚钢板，10~15公斤瓶用3毫米厚钢板，50公斤瓶用3.5毫米厚钢板。但现时许多10公斤瓶用的却是2.5毫米钢板。此外，焊接工艺不过关，存在砂眼、气孔等，也是钢瓶常见的质量问题。

这些不合格的气瓶存在着严重的安全隐患，一旦遇热，或者发生泄漏，就很容易导致爆炸。

厦门务工的汤先生家正在做午饭时，突然发生了燃气闪爆事故，致使正值早孕期的妻子罗某被烧伤。经燃气公司技术人员鉴定，事故原因是因燃气瓶底部漏气而造成燃气爆炸。原来，该燃气瓶是汤先生向洪文一五金店租用的一套燃气灶，并交了95元押金，今年5月又向该店更换一瓶煤气。经工商部门检查，这家五金店既未办理工商营业执照，也没有相关职业资格认定证书，其提供的产品为不合格产品。经工商人员数次调解，五金店一次性赔偿汤先生2万元。

这颗“炸弹”威力非常大。液化石油气的爆炸速度达2 000~3 000米/秒，形成的冲击波，在每平方米的壁面上产生70吨左右的推力。它比炸弹更可怕的是，同时会引发火灾，如果附近还有石油气装置，还会引发连环爆炸。

防范措施

1. 应选择到定点液化气站充气，走“正规渠道”，选“正规军”，不要图方便、贪便宜，把“定时炸弹”搬回家。

2. 我国规定，使用燃气瓶的周检时间为四年，且每隔两年就须送到法定检测单位进行周期性质量检验。若遇气瓶严重锈蚀、划痕或阀门松动等现象时，则须提前检验，以便及时发现，防止燃气瓶漏气。对使用期限超过15年的任何类型的钢瓶，登记后不予检验，按报废处理。

3. 增强安全使用知识，对未经周期检验合格或有锈蚀严重、阀门松动泄漏等问题的燃气瓶拒绝接收，坚决不能使用。

燃气瓶放置讲方法 否则很容易爆炸

隐患与后果

钢瓶虽然叫做“钢”，本身也耐磕碰，但是如果里面装满了液化气，钢瓶就变得“脆弱不堪”，经不得一丁点的磕碰，否则会引起液化气爆炸。近年来，液化气爆燃、钢瓶爆炸的事件时有发生。

液化气钢瓶不能经受高温和低温。瓶体是钢材制成，在高温条件下，瓶体发热后，会使瓶内气体膨胀，造成爆炸；在低温条件下易脆化、断裂。当气瓶“体温”急剧下降的时候，抗压能力下降，特别是一些使用时间较长，有薄层、腐蚀层等缺陷的气瓶，稍受摩擦、震动，就有可能发生爆炸。因此，严寒季节和酷暑天气液化气钢瓶都不允许放置在露天低温或高温场所。

不少居民在做饭过程中，液化气突然用完，打不出火。有些人就会在气瓶下放一个水盆，盆里加满热腾腾的开水，有的居民在冬季时甚至用炉子烤，这样就可以继续使用，这是极其错误的举动。据消防部门介绍，由于液化石油气是将丙烷、丙烯、丁烯等低分子烃压缩成液体储于钢瓶中，它们的临界温度比较低，受热膨胀率比水大10～16倍，一旦迅速遇热，钢瓶内的液化气体体积就会膨胀，产生很大的压力，以致引起贮气瓶的爆裂，造成火灾，甚至人员伤害。

2008年10月7日傍晚，浙江省舟山市定海区岑港镇司前街30号居民在厨房间调换液化气瓶时，不慎把转压阀损坏导致漏气，遇明火后引发燃烧。户主慌乱中用水桶取水灭火，火势却难以控制，后被接警赶来的定海消防官兵扑灭。

此外，在农村不少家庭不同程度地存在着使用过期的、未经检验的、甚至应报废的液化气钢瓶。根据国家有关规定，使用的液化气钢瓶必须每 4 年检验一次，使用期限超过15年必须强制予以报废（2007年后出厂的钢瓶，使用期限超过8年必须强制予以报废）。无任何标志的钢瓶，耳片或护罩脱落、底座脱落、瓶体变形的钢瓶，磕伤、划伤、凹陷到一定程度的液化气钢瓶，以及局部或全部遭受火焰或电煤烧伤的钢瓶，都应按报废处理，严禁再次使用。

防范措施

1. 切忌将钢瓶倒立或卧放使用。将钢瓶倒立或卧放使用，减压阀将失去减压作用甚至被破坏，直接影响减压阀的正常安全使用，极易造成漏气，一旦遇到明火易发生火灾或爆炸事故。另外，还会造成残渣堵住出口嘴，容易形成泄漏。

2. 不准用火烤、开水烫或暴晒钢瓶。如用火烤、开水烫或暴晒钢瓶，钢瓶会超过所允许的最高使用温度而导致超压，易发生事故，还会使钢瓶产生局部应力和变形，损害材料性能，加快钢瓶腐蚀，缩短使用寿命，不利于钢瓶的安全使用。

3. 钢瓶起火时，如果是在液化气瓶的压力阀处或液化气管道接口处因漏气而着火，火焰较小，可用湿毛巾、抹布盖住着火点，即可将火扑灭；如果火焰很大，可用湿毛巾、湿衣服将手、脸挡严，从火焰侧面冲上去，将角阀关紧；如果气瓶不能关闭，则将火熄灭后迅速将气瓶放到水里稀释；如果火势已引燃部分家具、衣物，在烟雾不大的情况下，可迅速用水或灭火器扑灭周围火焰，并立即转移钢瓶至空旷无人处，以免爆炸，并立即报警。

私改煤气用具　安全隐患大

隐患与后果

目前，我国居民使用的燃气分为天然气和煤气两种，这两种气源有不同的配置气具，如天然气灶具不能使用煤气，煤气灶不能使用天然气，这就给一些居民带来不方便，为了不浪费资源，很多居民在更换气体后私自改装灶具。殊不知，这样做存在着极大的安全隐患。

烟台市芝罘区法院曾审结一起私改煤气灶，但未将阀门上的胶皮管连接好，致使两人煤气中毒而身亡的案件。改装人潘某被判赔偿死者家属11万余元。

原告夫妇家住芝罘区桃园里，与被告潘某同楼而居。潘某平时在楼下摆摊修理自行车、改装液化气灶。事发当日，应原告夫妇之邀，潘某将原告家中的液化气灶改装成煤气灶。当晚8时许，原告夫妇回家发现，其母亲和女儿无任何反应，同时听到煤气泄漏的声音，发现与煤气阀门连接的软管脱落，他们马上关上阀门，火速将中毒的两人送到毓璜顶医院，但不幸两人经抢救无效死亡。

防范措施

1. 专业人士提醒，为了您的生命安全，切勿私自改装煤气用具。
2. 如果需要对煤气用具进行改装，一定要请专业人士进行改动。

煤气关闭不及时　中毒、爆炸危害大

隐患与后果

液化气使用方便，只要轻轻一拧灶具开关，就会冒出火苗，做饭烧水又快又干净。别小看这个小小的开关，它是整个液化气使用的咽喉，一旦忘关或漏关，后果可想而知。

某小区曾发生一起因忘关煤气开关差点引起大火的事故。事发之日正值深夜，家中大人已入睡，只剩孩子在温习功课。不久小孩感到口渴，便打开煤气灶烧水。因十分困倦，还没等水烧开，孩子就呼呼入睡。待到次日凌晨3时，家长发现有异常，起来一看，厨房里满屋烟火。煤气公司接到报警，及时赶到现场处理，一场火灾得以幸免。但用户的水壶熬干烧化。煤气灶具烧坏，煤气胶皮管全部烧掉，安放煤气灶具的木制小桌着火。

煤气在使用过程中漏气有以下两种情况：

1. 用煤气煮汤时，如果无人看管，汤水沸溢出来，可能会浇灭火焰，而煤气继续冒出。

2. 使用小火时，火焰被风吹熄，煤气继续冒出。

这两种情况都可能造成煤气中毒、爆炸等事故。因此，点燃煤气灶时，要随时注意防止汤水沸溢将火焰浇灭。否则，煤气在火苗已灭的情况下仍会从燃气灶孔不断溢出，不仅浪费煤气，而且还会酿成事故。

防范措施

1. 在点煤气灶时，一定要按程序操作，切莫马虎或慌乱。不可打开煤气灶具开关后，才到处寻找点火用具。带有自动打火的灶具点火时，有时不能一次打成功，可能要经过两三次才能点燃。注意：一次打不着火时，停留时间不可过长，以免煤气外漏。点燃灶火后要观察火焰燃烧是否稳定、正常，火焰燃烧不正常时要调节风门。

2. 用完煤气后，尤其是晚间用完煤气，要切记关闭煤气灶具开关。睡觉之前，要检查灶具开关旋钮是否关紧，并将接灶管末端气嘴关闭。

3. 要经常教育小孩，不要随意乱动煤气灶具开关，不要在有煤气设施的屋里玩火。

4. 在使用煤气时，随时注意燃烧情况，调节火焰，防止汤水沸溢出来浇灭火焰，或者使用小火时，防止火焰被风吹熄，煤气继续冒出，造成中毒、爆炸等事故。

5. 如在室内发现有煤气气味，应立即打开门窗，并检查煤气灶开关是否关闭。如已关闭，可能是煤气管或是煤气表等处漏气，应立即将煤气表前总开关予以关闭，随即打电话通知煤气公司派人检查。如果外出家中无人时，应在离开前关闭煤气表前总开关，以保证安全。

如遇煤气支管漏气，要立即通知煤气公司，在检修人员未到达以前，切勿在室内逗留，并严格禁止各种火种入内，也不要开或关电灯，以免发生中毒、爆炸等事故。

6. 发现煤气中毒，如属轻微症状，患者应立即离开室内到室外呼吸新鲜空气，不多时即能恢复健康。如属严重症状，应立即将患者送医院治疗，并必须向医生说明是煤气中毒，同时应立即打电话报告煤气公司所属办事处派人员检修。

私灌燃气瓶　拿命开玩笑

隐患与后果

钢瓶串气是指用户私自将一钢瓶中的液化石油气倒灌进另一钢瓶或其他小

容器中，这是严重的违规操作，易形成重大的火灾隐患，主要有以下三点：

第一，串气胶管直接输送液体，未经减压，承受的是较高的饱和气体，串气胶管易发生破裂。

第二，在串气过程中，各连接部位易发生泄漏。

第三，操作者无专业技术知识，环境条件不符合安全要求，火源无法杜绝，一旦泄漏，遇到火源会发生爆炸燃烧事故。

防范措施

1. 不要私自清倒残液。瓶装液化石油气使用后，会有少量的残液留在瓶内，除少量的水分外，还有戊烷和重烃类物质。这些残液在钢瓶里较难气化，但倒出来在空气中容易挥发，遇到火种，会燃烧或爆炸。

2. 不要私自给液化石油气钢瓶刷油漆。钢瓶在检修期内，也会出现锈蚀导致瓶壁变薄，如用户自行除锈刷漆，掩盖了钢瓶锈蚀状况，不利于充装液化气时对钢瓶外观的安全检查。

第三章

居家防盗要时刻警惕

据公安局统计数字显示，近年来入室盗窃案呈上升趋势，尤其是每年夏季和12月、1月临近春节的时候。小偷入室后，偷钱拿物，如果发现家里有人，还可能会实施强奸、杀人等恶性行为。本章主要介绍如何防范小偷入室盗窃等知识。

提防楼外管道、空调平台成贼人的天梯

隐患与后果

近年来，楼房高层被盗案件逐年上升，在这些盗窃案件中，犯罪分子并没有事先踩点，而是利用房子的结构，如安装在楼房外墙上的排水管、煤气管道，甚至楼外空调小平台等“天然的云梯”爬楼，能进哪家偷哪家。而这些盗窃案之所以能够顺利发生，还有一个原因，就是住在高层的房主自以为住得高比较安全，忽视了空调外挂机或室外排水管这一安全隐患，加上推拉窗没有锁，结果被盗。

西安市公安局碑林分局兴庆路派出所曾破获一起“特别”盗窃案，小偷竟然空手攀爬到18楼，通过飘窗进入住户家中盗窃，简直让人不可思议。攀爬盗窃现发案比较多，这些案犯一般是通过高层阳台伸出两三厘米的凸檐攀爬上去，有的把空调支架当成落脚点。

2008年，黑龙江省哈尔滨市道外公安分局打掉一个特大入室盗窃犯罪团

伙，抓获犯罪嫌疑人16名。犯罪团伙利用攀爬阳台入室盗窃，作案百余起。

此外，居室周围的高大植物、建筑物也是窃贼利用的有利工具。

防范措施

虽然窗外的这些安全隐患，单凭个人力量无法拆除，但我们还是可以从硬件上下工夫，做好基本防盗措施：

1. 一些开放式小区的低层及顶层住户要在阳台和窗户上加装防盗窗。安装防盗窗时不能只注意美观，而安装随便焊接的钢管防盗窗。最好安装钢筋较密的防盗窗，并检查焊接点是否结实牢固，以防破坏。防盗窗尽量不要突出墙面，如果外突，要在顶部加装铁皮，并使其顶部坡度达到60度以上，以防窃贼攀爬。

2. 窗户和大门是窃贼闯进的主要通道，因此住在楼房低层或平房的人家，每扇窗都要装上钢铁防盗网。门窗上的防盗锁、链等必须采用坚固的螺丝钉或螺栓镶牢，否则经不起大力推撞。在防盗门上装个防盗警钟也不错，足以阻吓不谙此道的窃贼。

3. 如果屋外有高大的植物，要督促物业或环卫工人或自己及时修剪。

“裸窗”未加防护网　提防之心更要强

隐患与后果

天气日渐转暖，攀爬阳台入室盗窃案件开始多发。一些小区为了美观，不允许高层住户安装防盗窗。夏天晚上，有些家庭会开着卧室或阳台的窗户，犯罪分子便趁主人熟睡之时入室行窃。此外，一些楼房还设计有小巧的露台，殊不知，这些别致的小露台竟成了家中的安全隐患，给了小偷攀爬楼层的便利。

防范措施

1. “针刺”花卉保安全。为了防止窃贼通过阳台入室盗窃，可在阳台上种植“针刺”花卉，如仙人掌，仙人球等，摆放时讲究远近结合，高低结合等。如果小偷胆敢冒险爬阳台，阳台上摆放的仙人掌、仙人球使其难以逾越，这样既美化了阳台，又安装了一张“绿色防护网”。也可以在靠近窗台的地面放上酒瓶、易拉罐或一碗水，一旦盗贼入室行窃，瓶子、碗不仅会发出声响，还可能吓退盗贼。

2. 在阳台上安装防盗报警器。如果发现盗贼作案，最好不要与盗贼正面接触，以免使入室盗窃激化为入室抢劫。有条件的家庭可以装置防盗技术设备。

3. 单扇移动式窗户防范妙法。在许多公寓式小区内，物业管理部门为了小区的美观不允许二楼以上住户在窗外安装防盗窗或护栏。但许多住宅的窗户都是单扇移窗(另外一扇固定)，很多住户都有不安全感。尤其到了夏天，睡觉时关起来闷得慌，可打开窗睡觉又心惊胆战害怕被盗。对此，可在移动窗扇的滑槽内放一硬条，可以是木条、石条、瓷砖条、铁棍都行，一般家庭装修后，这些东西都会有，可以说是变废为宝。也可以在滑槽内侧打孔，穿入铁钉，就更不会让小偷察觉了。需要注意的是：可移动窗扇打开的宽度必须能够防止一个人钻入。

4. 卫生间和厨房窗户往往成为犯罪分子登堂入室的通道，应安装内置式防护栏，加以防范。

防盗网不规范　反成贼的“大帮手”

隐患与后果

安装防盗网成为人们防盗的首选措施，但安装不规范的防盗网中看不中用，窃贼常常利用凸出的防盗网作案。

有的居民为了增加一点空间，会安装宽体护栏，这有可能成为小偷上楼的“贼梯”。有些小偷就是利用低层的防护窗体，攀爬进入高层居室。

据调查，绝大部分后半夜发生的盗窃案件有两种形式：一是撬开防盗网入室行窃；二是利用防盗网爬上去，钻入高层的住户作案。

2008 年 9 月，西安市长安区悦明园小区共有 6 户居民家被小偷光顾，其中 4 户的防盗网被撬开。住在 11 号楼 1 层的住户家虽然有防盗网，但被撬开了一根，窃贼进入房间，盗走了一台笔记本电脑、两部总价值约 3 000 元的手机，还有 4 000 元现金。这次事件共丢失的财物超过两万元，在小区东围墙上有小偷留下的明显足迹。

不规范的防盗网，虽然保护了自己，但损害了别人，防盗网不防盗反而“助”盗。因此装修时，除了要保证自己的家庭不受害，还要考虑是否给邻居带来安全隐患。

防范措施

1. 安装结实的防护网。现在市场上有一种“防爬护沿”值得推荐，它是将硬度强的金属条向下弯曲一定弧度，顶端制成尖状，按一定密度排列安装在2楼以上的窗户外。其主要作用是防止小偷从2楼以上钻窗入室行窃，它区别于传统的窗户护栏，不必完全遮蔽窗户，既美观又安全，一旦家中出现火情也可以及时从窗户撤离。

2. 铃铛防贼法。晚上睡觉时最好把窗户反锁上，小偷一般发现锁着窗户就会放弃。如果实在要开窗户，不要开太大，在窗户上系一根细线，另一头拴一个铃铛或者连在一个风铃上，这样窗户一动，铃声就响，小偷自然就逃走了。

小偷“从天降”　防范要加强

隐患与后果

“从天而降”这种高难度的动作，我们无数次在电视或电影中看到过，可是，你能想到吗，这些只在电影中出现的镜头如今在夜黑风高的午夜时分就出现在我们的身边。这不是在拍电影，他们也不是演员，而是一群穷凶作恶的贼！

广州市某“高档住宅小区”内曾发生一起抢劫强奸案。歹徒在凌晨时分用绳子从楼顶滑入一户住宅内作案，被独居在家中的女事主发现，歹徒遂将事主捆绑强奸并掠去财物。

大部分人都认为无人敢从楼顶自上而下作案，因此对楼顶天台很少作任何防范和巡查，结果越是安全的地方越不安全。

2009年，福建省宁德市公安局破获了一起“蜘蛛大盗”盗窃案。由于窃贼都是空手攀爬入室盗窃，被市民称为“蜘蛛人”。自去年以来，“蜘蛛人”频现市区各高档住宅小区，32 次夜间空手攀爬入室盗窃，涉案金额高达 50 多万元。事后，据“蜘蛛人”交代，自己通常选择高档小区作案，在高楼的顶楼上的消防箱内拉出一条消防带，绑在顶楼的栏杆上，然后顺着消防带下滑到楼中楼，推开未关闭紧实的窗户，跳进房间，实施盗窃。据最后一名失主报案称，屋内被洗劫一空，甚至连保险柜都被盗走，现金 22 500 余元，还有许多证件，以及金银首饰之类，总计损失近 3 万元。

防范措施

预防这种盗窃隐患关键有两点：

1. 关好门窗，规范安装防盗网。

2. 提高警惕，特别是独自一人在家的时候更要注意锁好门窗。必要时，可邀请亲朋好友做伴。

“神偷”大都会开锁　他会撬来咱会防

隐患与后果

溜门撬锁是犯罪分子白天作案的惯用手段，但是如果晚上防范意识不强，同样会因此受害。早期的防盗门只有几颗螺丝固定门框，根本经不起撬杠的力度，一分钟就能搞定。现在，防盗门在结构及强度方面虽有很大的改进，但是，犯罪分子的开锁技术也有了提高，他们用自配的钥匙能在极短时间打开各种类型的锁。另外，随着微型气割工具的诞生，利用此类工具进入室内行窃的案例也越来越多。

西安市西郊某住宅区的刘先生就曾与一个“至少有中级锁匠水平”的窃贼来了个面对面接触。事发当天，刘先生正在家里睡觉，盗贼就自己开了锁背着挎包鬼鬼祟祟地向厨房走，发现家里有人时，窃贼竟掏出催泪喷射剂喷洒。最后，刘先生奋力将男子打走并抢下挎包。打开挎包，发现里面都是开锁工具。事后，刘先生叫来专业开锁公司修锁，令人惊讶的是窃贼的开锁工具竟然和开锁人员的工具相同。开锁人员感叹：“入室盗窃的男子至少有中级锁匠水平。”

日前，桂林市灌阳县破获了一起利用开锁技术入室盗窃案。据犯罪分子交代，自己在外地打工的时候跟别人学会了开锁的手艺，还弄到了一套专门用于配启“一”字形锁孔防盗门的作案工具。作案时为防止被人发现，他们往往选在居民上班时间，先敲门，无人应答后再用专门开锁的工具入室盗窃。

防范措施

1. 插销暗锁双保险。据一个“惯偷儿”交代，打开一把锁的时间仅需要两三分钟，如果开锁时间超过 5 分钟，就会感到烦躁不安，打起退堂鼓。因此，居民家中除了要在门上安装保险锁外，还可在门的上下两端各装一个暗插销，这样即使小偷打开门锁也打不开门，延长了开锁时间，无形中会增加其心中的恐惧，放弃偷窃的念头。

2. 使用智能产品。有条件的家庭可以安装先进的智能防盗装置：

（1）安装自动报警门锁，一旦被坏人非法开启，可通过电话线向用户的呼机、手机、邻居、居委会、公安机关监控平台自动报警。

（2）窗户可安装磁控开关，一旦开窗可发出报警信号。

（3）阳台或门厅过道可安装自动红外线入侵探测器。

（4）单元住宅楼可安装楼宇对讲或可视对讲防盗系统。

（5）如社区有自动接警中心应尽快入网，在突发情况下社区保安和公安民警可及时赶到处理。花钱不多，安全到位，值得。

（6）举家旅行应安装本地报警的自动报警装置；有接警中心联网的，应在接警中心备案，请求 24 小时全天候设防。

3. 出门摆个迷魂阵。居民如果要外出，一定不要把便于携带的贵重物品和大额现金留在家中，但是最好在橱柜或抽屉里留百八十元钱。如有盗贼来了，顶多损失一点钱。倘若一点钱也找不到，盗贼就会把家翻个遍甚至会破坏家中电器，那损失可能就更惨重。另外，平日出门时门口可放一双男鞋，将电话机话筒拿下，也可以在安装防盗门时设置门铃开关，临出门前关掉开关，以免长时间响铃暴露家中无人。

铁窗有时很“软弱” 扳手一撬贼进窗

隐患与后果

现在许多住户门窗都安装有防盗网，于是以为可以高枕无忧了，殊不知，小偷早已发现其中的漏洞。现在的防盗网大多是用钢筋或方槽铁焊成，密度稍疏，正好给扳手提供一个很好的夹口，加上烧焊的焊点一般都只有一点点，经不起一扳。近几年发现小偷自制了一些形似扳手类的叉型工具，不用2分钟，就可以将防盗网扳出一个较大的缝隙或大洞，钻入室内行窃。

厦门市中级法院曾宣判一起普通盗窃案的最高刑，主犯张友中被判无期徒刑，其余5人分别被判1年6个月到10年的有期徒刑。在半年的时间里被告6人互相勾结，经事先预谋、分工后，利用凌晨居民熟睡之机窜入住宅区，以扳手、千斤顶等作案工具撬窗户或阳台防护网，先后入室盗窃作案76起，案值共12万元多。

防范措施

1. 选择合格的防盗网。好的护栏在材质、疏密、焊接方面都有讲究。一般来说，合格的防盗门窗应该具有以下特点：首先，有公安机关安全检测合格报告；其次，合乎规格。铁门门框的钢板厚度在2毫米以上，门体厚度要在20毫米以上，其锁具必须是公安部门检测合格的。锁体的周围应有加强的钢板，门整体质量较重，一般要在40千克以上，强度也较高，用手敲击会发出“咚咚”的声音。

2. 护栏的疏密也很重要。首先，护栏铁栅间距只有小于15厘米时，窃贼才无法钻入，因此，护栏一定要交叉焊接制成“井”字形或“田”字格，这样即便盗贼将铁护栏弄断两三根也进不了屋。其次，铁护栏的材料不能只图美观，更要重质量，最好选用不锈钢钢管，里面再套上一根钢筋，这样的护栏既好看又牢固。

保姆大都可信任　但是也有“黑心人”

隐患与后果

雇用保姆本是一件好事，既方便家人，又给他人提供工作，应该是两全其美的事。可是，让许多户主想不到的是，自己的行为有时竟会“引狼入室”，真是让人心痛！

珠海市一保姆就曾将雇主放在家中的十余万元现金及物品盗走，藏进商场顾客的储物柜中。两天后保姆由于心中害怕主动向雇主承认了盗窃事实，并带领事主到商场取回了全部财物，之后到公安机关投案自首。

随着家庭用工的普及，内部盗窃的隐患逐渐显露出来。

2008 年，兰州市民何某回家后，发现家中准备用于给老人治病的一万多元人民币被盗，情急之下，他来到城关公安分局刑警大队二中队报案。事后，城关公安分局破获这起重大盗窃案，犯罪人竟是该住户家的保姆。

防范措施

1. 雇佣保姆、小时工或其他家政人员要找较可靠的人，要查验其身份证，并到派出所申报暂住户口。

2. 当保姆离开后，门锁钥匙要收回，最好换新门锁。记住：不要轻易向保姆透露家中贵重物品的存放之处，即使是多年的保姆，感情很深厚，也要提防，所谓“防人之心不可无”嘛！

人多时要当心　小偷也会乘“虚”入

隐患与后果

有时候即使家里有很多人，也会发生失窃事件，比如一家亲友全在一个房间里打牌、聊天，或夏天时全家人都睡在有空调的房间，这时窃贼便会乘虚而入，进到其他无人的房间进行盗窃。

杭州市双林路玉麒麟酒店就发生了一起小偷混进宴席伺机盗走礼金包的案件。席间，亲朋好友云集，场面非常热闹。谁知，一个小偷竟混入宾客之中趁众人不注意，将装有礼金、钱包等物品的皮包盗走。欢欢喜喜的婚宴陷入尴尬境地，警察赶到后带走了新郎新娘做笔录，喜庆的气息烟消云散，宾客各自离去，大喜新人原本大好的心情也跌落到谷底。

另外，还要注意生人探访。上门探访的人大多是家里人认识的，但陌生人也常常上门，其中可能有盗贼或骗子，应该提高警惕。家庭成员特别是青少年不要随便将陌生人带到家中。他们可能会乘机熟悉你家里的布局和作息规律，甚至偷印下家里的钥匙，趁家中无人之时进屋行窃。

防范措施

1. 当家人都聚在一个房间时，要关好总房门，玩的时候不要忘了关注其他房间的动静。

2. 妥善保管贵重物品，一旦家中被盗，可以将损失降到最低。

（1）家中不要存放大量现金，一时用不着的钱款应存入银行，存折、信用卡不要与身份证、工作证、户口簿放在一起。股票、债券、金银首饰切忌存放在抽屉、柜橱等引人注意的地方。这样，即使有人进来，一时之间也找不到它们。

（2）电视机、录像机、照相机等高档商品应将明显标志及出厂号码等详细登记备查，便于被盗后报案备档。

（3）为了加强防盗工作,还可以在贵重物品（如汽车、视听器材、首饰等）上留下擦不掉的记号，例如代号、门牌、身份证号码等。记号可用雕刻工具刻上或用隐显墨水写上。隐显墨水画的记号只有在紫外线下才显现出来。

3. 加强安全教育，特别是对孩子、老人和保姆，大人或主人不在家时不要让陌生人入室。另外，如果住所周围出现可疑人员，应及时报警。

家中长期无人　小心窃贼上门

隐患与后果

家中住人时，如果防范不严，容易招来小偷。可是，如果家中长期无人，更容易招来小偷，因为小偷可以肆无忌惮地偷窃，而且，过后主人无法快速报案。

2009 年 4 月，南昌县公安局塔城派出所破获了一起系列入室盗窃案。在一个月的时间里，两嫌犯共作案 12 起，被盗农户均长期在外务工，家中无人居住。

防范措施

长期外出，最重要的是不要让窃贼知道家中无人，可考虑以下策略：

1. 暂停送报纸及牛奶的服务。

2. 较长时间外出时应与邻居打好招呼，请求关照。

3. 可考虑购买一部电话录音机接到电话机上。既能录下亲友的口信，也能利用特别录好的磁带播出说话，打电话探虚实的盗贼会以为一两个钟头内就有人回来。

4. 买些定时开关器装上，每晚定时亮灯，早上自动关灯。

5. 如果只是出门两三天，不妨把车子锁好，停放在门外，陌生人看了以为房子里有人。但是如果外出很久，这个方法就行不通。因为车身蒙上灰尘，正好表示家中没人。

小偷已入室　切莫强攻取

隐患与后果

通过对一些入屋盗窃现场进行分析，犯罪分子夜晚进入室内大多由厨房窗户进入，往往顺手将厨房的刀具拿在手中行窃。其主要用意是给自己“壮胆”

和“防身”，但这样就会给住户的人身安全造成很大的隐患，一旦犯罪分子作案时见到住户清醒或被发现，罪犯很容易走极端造成住户人员的伤亡。

2009 年 7 月 22 日上午，四川达州市达县翠屏山某工地发生一起抢劫杀人案，一个年仅 19 岁的小偷将一名 60 岁老妇杀害并奸尸。事后，杀人凶手交代，案发当晚，他潜入工地意欲实施盗窃。谁知被惊醒的老妇用右手牢牢抓住并高喊“抓小偷”，坚持要将他送到派出所。自己因为害怕坐牢，他最后决定杀人灭口。

防范措施

假如某一天发现窃贼已经出现在你的家中，该怎么办呢？

1. 进门前发现有贼闯入。如果驾车回到家里，察觉屋里有陌生人，马上开车离去，盗贼可能没察觉到户主回来。如果徒步回到家门，则沿人行道继续往前走，立刻设法打电话报警。

回到家门口，若发现或怀疑屋里有陌生人，例如听到搬动物件的声响，看见门锁被毁或大门半掩，千万不要进入，应立刻到邻居家借电话报警或通知大厦管理处。如发现家门外有可疑的陌生人徘徊，也可报警求助。

2. 进门后发现有贼，尽可能悄悄退出门外，报警求助。要冷静应付，别使窃贼以为户主会为财物拼命，否则他可能动手伤人。不要惹恼他。小心观察，记住窃贼的容貌特征。窃贼离去后马上报警。

3. 醒来察觉家里有贼。深夜醒来，听见房子里有窃贼，应对方法应视房子大小及盗贼是否进了卧室而定。假如窃贼还没进屋，马上开亮接近自己的所有电灯，并且唤醒家人。窃贼见有动静多半宁愿空手而逃也不想与户主正面相遇。若是窃贼已经进入卧室，不要惹他，随机应变，甚至装作未醒。

不要冒险去捉拿窃贼，卧室里有电话就拨电话报警。随手拿起身边的梳子、花瓶、织针等作自卫武器。迫不得已再动武。

如只有自己一人要懂得虚张声势，大声喊叫：“大哥（随便什么名字都可以，让小偷觉得屋里有很多人就行），有贼闯进来啦！”

一听见窃贼离开了房子，立刻跑到窗前看看，记下窃贼的特征、逃走方向、有没有汽车接应等，然后报警。

4. 为警方提供资料。窃贼闯入进过家门后，在住所或邻家附近发现有形迹可疑的人，要赶快报警。描述可疑人的特征，或其汽车的特征。提供以下资料，可协助警方缉拿盗贼：

性别、大概年龄。

肤色和面色。

身材。

头发（颜色、长短、卷发或直发、脱发程度）。

眼睛颜色、有没有戴眼镜。

脸型（长脸、瘦脸、圆脸、有没有胡子）。

特征（疤痕、文身）。

嘴巴大小、唇形。

衣着（服装式样）。

其他举动特征，例如跛行、口吃等。

如果看见可疑车辆，留意下列各点：

轿车/小型客货车/货车/摩托车。

颜色、车牌号码。

其他特征，例如损坏痕迹、车身喷上的公司名称等。

牌子/型号。

车身式样（车门数目、敞篷）。

行驶方向。

装修篇：防范致病、致命的装修漏洞

很多家庭中的安全隐患是在装修时造成的，这些安全漏洞轻则让人生病，重则要人性命；并且大都不是我们在生活中能够防范的，只有在装修过程中堵住这些漏洞，才能保障我们的生命安全。例如：客厅的落地窗没有加装足够高的护栏，导致人坠楼；改造电路时没有请专业电工，而把电线直接埋进墙里（应加套管）导致漏电等重大事故。这些事故一旦发生，后果都非常严重。所以我们把装修中的漏洞单独设为一篇，希望引起读者的重视。

第四章

这些漏洞可让人受伤或丧命

本章主要介绍一些可能引起生命危险的装修漏洞，如业主缺乏安全意识，私自改造电路、私改煤气管道、私拆承重墙等违法行为，购买劣质产品，护栏高度不够，没有配备灭火器，没有装避雷设施等；以及一些施工错误导致的危险装修，如吊灯安装错误、大面积使用玻璃墙等。这些装修现象存在着极大的安全隐患，一旦发生问题，将会对生命造成重大的伤害，甚至导致死亡。

私拆承重墙　楼房坍塌后果险

隐患与后果

在现代装修中，对装修设计的要求越来越高，有些设计师为了迎合业主的喜好而不顾设计的安全性，在设计中甚至对业主房屋的主体结构都进行了改动，结果给业主居住带来了安全隐患。如拆除承重墙可能使整个楼房的结构失去平衡，轻则裂缝，重则楼板断裂，整个楼出现倾覆的危险。

南京市某小区5楼的一住户在装修时，为了扩大房间面积，私自拆除窗下的承重墙。结果装修结束后不到一个月，楼上住户家的墙体就出现了开裂现象。

上海市白兰路一幢3层楼就曾因承重墙被拆导致部分坍塌，出事楼房与轨道交通3号线平行，间距不到3米远，当时楼中还有人居住，整幢楼仿佛被拦腰折断，十分危险。

承重墙指支撑着上部楼层重力的墙体，在工程图上为黑色墙体，打掉会破坏整个建筑结构；非承重墙指不支撑着上部楼层重力的墙体，只起到把一个房间和另一个房间隔开的作用，在工程图上为中空墙，有没有这堵墙对建筑结构没什么大的影响。

拆除承重墙会对楼房产生安全隐患，进而对全体业主的居住安全形成潜在的威胁。依据《中华人民共和国刑法》第114条的规定："以其他危险方法破坏住宅、公共建筑物或者其他公私财产，危害公共安全，尚未造成严重后果的，处三年以上十年以下有期徒刑。"因此，私自拆除承重墙，有可能触犯刑律，受到法律的处罚。

防范措施

1. 装修时，承重墙绝对不能拆，一楼住户尤其不能。如果一楼住户将承重墙大面积拆除，会导致该楼的抗震性能大幅削弱、负荷应力集中。如发生地震，楼体很可能会整体坍塌。即使一楼承重墙不拆除，其他楼层的承重墙被拆除，楼体应力结构也会产生变形，房屋出现薄弱层，整体结构会变得脆弱，发生毁灭性坍塌的可能性就会加大。

不得随意在承重墙上穿洞，拆除连接阳台和门窗的墙体以及扩大原有门窗尺寸或者另建门窗。这种做法会造成楼房局部裂缝和严重影响抗震能力，从而缩短楼房使用寿命。

2. 非承重墙也不可以私自拆改。国家建设部颁布的《住宅室内装饰装修管理办法》规定，装修前业主需要提前申请，经批准后方可施工。相对于承重墙来说，非承重墙是次要的承重构件，但同时它又是承重墙极其重要的支撑。它至少要承受两部分载荷，一部分是墙体的自重，以六层住宅为例，底层住宅内的非承重墙要承受上面五层墙体的重量；另一部分从结构上讲，非承重墙通常还是设计上的抗震墙。一旦发生地震，这些非承重墙将和承重墙一起承受地震力。如果整栋楼的居民都随意拆改非承重墙体，将大大降低楼体的抗震力。如果遇到特殊情况，住户和施工队应同物业公司商量，并请教有关结构设计人员，对拆后可能出现的情况要及时采取补救措施。

3. 对于任何墙体，在取得物业的同意进行改造时一定要安全施工，禁止野蛮施工，避免弄断墙体中的电路管线。同时，在拆之前，也要对电路的改造方向详细考虑好措施。

4. 及时举报违章装修，可减少安全隐患。对于不懂法律法规，随意拆除承重墙，或者抱着侥幸心理，觉得拆一点不会出事的房主，一定要及时举报，以保自己和大家的财产、生命不受危害。

在《住宅室内装饰装修管理办法》中，第 5 条关于住宅室内装饰装修活动，禁止下列行为：

(1) 未经原设计单位或者具有相应资质等级的设计单位提出设计方案，变动建筑主体和承重结构；

(2) 将没有防水要求的房间或者阳台改为卫生间、厨房间；

(3) 扩大承重墙上原有的门窗尺寸，拆除连接阳台的砖、混凝土墙体；

(4) 损坏房屋原有节能设施，降低节能效果；

(5) 其他影响建筑结构和使用安全的行为。

第 6 条关于装修人从事住宅室内装饰装修活动，未经批准不得有下列行为：

(1) 擅自搭建建筑物、构筑物；

(2) 擅自改变住宅外立面，在非承重外墙上开门、窗；

(3) 拆改供暖管道和设施；

(4) 拆改燃气管道和设施。

地面全铺大理石　小心楼板会开裂

隐患与后果

现在的装修越来越追求豪华、气派，如一些豪华的欧式装修，需要通过在楼房地面铺装大理石这些大手笔的材料来体现，虽然在视觉上得到了享受，却存在着安全隐患。由于大理石比地板砖和木地板的质量要高出几十倍，如果地面全部铺装大理石就有可能使楼板不堪重负。特别是 2 层以上，多数房屋的地面承重不能超过 40 千克 / 平方米，完全铺装大理石很容易出现楼板破裂的情况，严重时会出现楼板开裂甚至坍塌的后果。

防范措施

1. 楼板铺大理石，地震时容易断裂。按照安全规定，一般房屋地面装饰材料的质量每平方米不得超过 100 千克，超过了，地震时极易发生楼板开裂或折断，且较重的荷载在地震时会导致较大的震力。

2. 在确定铺装大理石地面前，要首先向开发商了解地面的承重量，然后计算房中地面所能承受的大理石面积。切忌在超重的情况下仍一意孤行，否则后果不堪设想。

阳台封装要稳固　否则很容易塌落

隐患与后果

现代人越来越重视居室装潢，阳台——这一眺望外界景观和休息的地方也被充分利用起来。封闭阳台既可以阻挡噪声侵入、风雨袭击，并起到保温的作用，还可以增加居室的使用面积，封闭后的阳台可以用做书房、储物间甚至健身房。

事实上，阳台的承重只是依靠一个跳梁，而室内承重则是依靠承重墙承受重力，阳台的承受力只是室内承重力的一半，不能改变它的使用功能用于其他用途。如果业主对阳台进行封闭，改变阳台的使用功能，将产生极大的安全隐患。

装修改造时，阳台封闭较为常见的做法是：在阳台上部正面用玻璃窗，两侧面用 120 毫米厚的砖墙封闭。

如果是板式阳台，隐患就更大了，会使局部悬臂板支撑处达到极限状态。另外，后砌的墙与外墙之间没有采取适当的连接措施，仅与上层阳台及外墙紧靠，这是砌墙体不允许的“通缝”，由于砂浆的变形和温度变化会加大裂缝，使后砌墙遇到横向载荷极易倒塌而造成安全事故。

某日，长春市滨河东五区一户居室的北侧阳台突然塌落，阳台从 7 楼塌落至 1 楼。事故造成 2 楼一女子遇难。这一事故引起长春市政府的高度重视。随后长春市一家评估中心的工作人员来到现场对损失情况进行了评估。检测中发现，居民家的阳台钢筋位置距离分差大、钢筋分布不均、间距不规则。检测的专家还发现，塌落1楼的阳台端茬，钢筋位置不合理，该阳台的设计属于悬挑构件。按照要求，钢筋的位置应该在底座的上部，而发生事故的阳台在底座，钢筋却在中下部，这样起不到支撑作用。专家认为，在1~7楼阳台塌落的住户中，有5户居民私改了阳台，把阳台改成了厨房，对阳台进行了封闭。由此，要综合各种因素来确定阳台塌落原因。

防范措施

1. 不对阳台进行封闭。对室内居住环境来说，如果将阳台封闭，将不能保证室内新鲜空气的增加和空气对流，大大降低户内空气质量，对人体健康产生不利影响。

2. 不对配重墙进行拆改。大多数的房间与阳台之间的墙上都有一扇门和窗，很多家庭都选择将房间与阳台的墙体拆除打通，改造成开放式露台，这虽然美观但是危机重重，阳台房间连接处的门窗可以拆改，但是窗户下面的墙体不能动，这个墙体就叫“配重墙”，它起着支撑阳台、压住阳台板的作用，其作用是挑起阳台，任意拆改会使阳台结构部分失去平衡，造成房屋安全事故的隐患。

未安落地窗护栏　致人坠楼没商量

隐患与后果

现在，越来越多的住宅楼房都设计了美观大方的落地窗，采光好，观景效果好，充满了时代气息。然而，人们在购买带有落地窗的房子时，只看到了它的优点，却忽略了它危险的一面，尤其是家里有孩子的住户。

1. 落地窗没安护栏，开窗时，容易发生高空坠楼造成伤残或死亡。

2008年3月19日下午，威海市的一名中年男子在某楼4层一家娱乐场所的大厅内准备下楼时，误将一落地窗当成门，不慎坠落至2楼平台，导致第三腰椎压迫性骨折，身体无法动弹。

2. 落地窗的玻璃存在很大的危险。

开发商在选择玻璃时，并不会选择最好的，因此，当小孩在玩耍或者打闹时，就有可能撞碎玻璃受伤，严重时还会从撞碎的窗户中掉下去。

防范措施

1. 根据国家的相关规定，凡是落地窗、飘窗都必须安装护栏，否则不予安全验收。因此，如果开发商已经安装了护栏，严禁拆除。如果对已安装的护栏不喜欢，住户可以更换一个自己喜欢的护栏。

2. 所安装的防护栏一定要达到安全高度，或者可以安装整块的防护网。根据《住宅设计规范》的规定：阳台栏杆设计应防止儿童攀登，栏杆的垂直杆间净距不应大于 0.11 米，放置花盆处必须采取防坠落措施。

低层、多层住宅的阳台栏杆净高不应低于 1.05 米；中高层、高层住宅的阳台栏杆净高不应低于 1.10 米。封闭阳台栏杆也应满足阳台栏杆净高要求。中高层、高层及寒冷、严寒地区住宅的阳台宜采用实体栏板。

外窗窗台距楼面、地面的高度低于 0.90 米时，应有防护设施，窗外有阳台或平台时可不受此限制。窗台的净高度或防护栏杆的高度均应从可踏面算起，保证净高 0.90 米。

3. 在安装护栏的情况下，为了防止普通玻璃遭到撞击后碎裂伤人，住户可以更换一块钢化玻璃，这样，即使破碎了也不会产生锋利的棱角，不会伤及人体。

楼梯扶手有标准　高度不够易坠楼

隐患与后果

目前，越来越多的顶层被设计成户主可自行分隔楼层的形式，并且越来越多地受到年轻人的喜爱。这样，阁楼就可以按照户主的意愿设计成多种多样，如全封闭式、半开放式等。半开放式的 2 层虽然空间大了，可是却容易存在安全隐患。尤其是阁楼上的护栏，由于它与楼梯一体，因此，大多数户主为了追求美观会降低楼梯的扶手高度，这样就直接影响到 2 层阁楼的护栏。当扶手的高度低于 1 米时，站在 2 楼的人，一小心就会跃过栏杆摔下来，轻则伤筋动骨，重则摔成残废，甚至死亡。

防范措施

1. 根据我国现行《民用建筑设计通则》规定：住宅楼梯踏步宽度不应小于 0.26 米，踏步高度不应大于 0.175 米。扶手的高度自踏步前缘线（向上）量起不宜小于 0.90 米。楼梯水平段栏杆长度大于 0.50 米时，其高度不应小于 1.05 米。

安装楼梯时，一定要测量好尺寸。扶手的高度要严格按照踏步前缘线（向上）量起，切忌从踏步中心线向上量取，否则会比设计要求低半个踏步高度，造成扶手的高度降低，存在安全隐患。

2. 扶手的高度一定要达到规定中的高度。如果家人个头高，可以依身高比例增加扶手的高度，最好能超过腰迹线以上，这样，家人在弯腰时，就不至于因为疏忽而摔下去。

3. 护栏高度、栏杆间距、安装位置一定严格按照设计要求安装，安装后不能有小孩可以钻过的空隙。家里如有老人或者小孩，一定要考虑到他们的人身安全。

4. 如果安装木楼梯，一定要选择上等的树种、材质，还要有较好的防火、防虫、防腐功能。踢板、踩板、帮板等制作一定要符合设计要求，使整座楼梯坚实牢固。

装修现场无灭火器　一旦失火后患大

隐患与后果

装修时，户主往往准备齐全，但很少有人想到备有一支轻便的小型灭火器。大多数人对此心存侥幸，认为不会着火派不上用场，买了也是浪费钱。殊不知，这一省就埋下了安全隐患。事实上，装修时发生火灾的概率很大，因为房间堆集着许多装修时用的易燃材料，再加上施工人员的防火意识不强，有时一个烟头，甚至是木工锯木头时打出的一个火星都有可能引起易燃材料着火。如果没有配备灭火器，就只能看着火着起来，最后造成重大的损失！

2008年4月，发生在北京的一场装修火灾，就酿成了4人重伤的惨剧。

因此，装修中切不可小看灭火器，防火意识一定要加强。只需要几十或几百元就可以杜绝隐患。不怕一万，就怕万一，一旦引发火灾，损失的就远不止几十或几百元，可能是整个装修费用，甚至是人命关天的大事！

防范措施

1. 在施工人员进驻现场时，一定要购买灭火器放在施工现场，以防万一。
2. 选择装修材料时，尽量少用易燃的装饰材料。
3. 如果家庭中有易燃品，一定要分散开来放置。
4. 在装修结束后，家庭也要备有灭火器。生活中，有时烧水忘记了关火，有漏电现象，或者是家人抽烟等，都有可能引起火灾。这时，如果家里备有灭火器，就可以轻松地消灭掉火源，或者可以延缓火势迅猛发展。据统计，绝大部分民宅的火灾被发现时都还只是星星之火，然而，因为很多家庭没有配备灭火器，当消防人员赶到时往往变成了“燎原大火”，损失巨大。如果是装修后家庭中使用，可以购买小巧轻便的灭火器。目前，适合家庭使用的灭火器的种类越来越多，外观也越来越精巧漂亮，比如有花瓶式或台灯式自动灭火器，平日里摆放在客厅里当花瓶或者是台灯用，谁都不会以为是灭火器，而在关键时刻可以冲锋陷阵灭火消灾！

煤气管道莫私改　爆炸伤人后悔晚

隐患与后果

燃气中毒、煤气中毒事故在近年来屡屡发生，除了疏忽大意、防范不当引发之外，主要的原因是人们在装修新居时私改煤气管道，结果导致灾难频频发生。

安全的煤气管道是采用镀锌管明管铺设，许多房主在私自改造煤气管道时，往往使用铝塑管代替镀锌管，这是错误的。因为铝塑管的连接不如镀锌管丝扣严密，很容易发生漏气，严重时会造成煤气中毒事故。

哈尔滨市香坊区三辅街的一个住户在装修时对煤气管道进行了改动，之后由于管道破裂导致楼上的两户邻居煤气中毒，另外一家因为安装了报警器，幸免遇难并报警，才没有发生更大的损失。

辽宁省大连市甘井子区山日街60号一居民楼3单元住宅内曾发生一起因液化气管道泄漏燃爆的重大事故。事发时，2层、3层楼板塌陷，墙体开裂，周边居民楼门窗部分破损，事故造成3户9名居民死亡，1名居民严重烧伤。初步判断，爆炸发生的原因是因私自改动室内管线，造成液化气泄漏所致。

《住宅室内装饰装修管理办法》第6条明确指出，装修人从事住宅室内装饰装修活动，未经批准不得拆改燃气管道和设施。《城市燃气管理办法》第29条规定："禁止私自拆卸、安装、改装燃气计量器具和燃气设施等。"

防范措施

1. 装修中，如果需要移动煤气管道和煤气表位置，一定要让煤气公司的专业人员施工，千万不要让装修工人动手。煤气管的卡口要封闭掩蔽，否则容易发生危险。改造后要检测压力是否正常，有无漏气。煤气管道严禁封堵在密闭柜体内，更不能将煤气总阀门包在木制地柜中，要保持通风。

2. 装修时，不要将煤气管道埋入墙内，防止日后需要维修时，会有诸多不便。煤气管线与电力管线水平距离不得小于10厘米，电线与煤气管交叉净距不小于3厘米。

3. 安装煤气报警器。报警器可以轻易地区分出其他气体和煤气的区别，灵敏度很高。在空气中煤气有微量存在的时候，就会警醒提示，是对生命的一道重要的安全保障，从自身安全出发，有必要安装煤气报警器。

4. 定期检查燃气设备。发现灶具连接胶管老化或磨损要立即更换。长时间没有安全检查，应主动联系煤气公司，以避免各类燃气安全事故发生。不要在同一用气场所同时使用两种不同的气源，更不能在使用燃气时使用煤炭等明火能源。

5. 做好预防工作。使用燃气要有人照看。独居老人最好不要单独使用燃气。晚间用完燃气后切记关闭灶具开关，并将连接管道的燃气阀门关闭。使用十年以上的用户，应注意管道锈蚀，并定期对管道除锈刷漆。当进入厨房、卧室，嗅到类似臭鸡蛋或油漆等刺鼻气味，以及突感的头痛、恶心、胸闷等征兆时，应立即开窗通风并到室外拨打燃气报修电话，请燃气检修人员上门检修。

私自改造电路　引起漏电

隐患与后果

改电是家庭装修中的重点，一定要详细规划。然而，许多房主认为电路改动不大，而且自己也懂一点电路知识，常常拒绝请专业电工改造电路，而是私自改动，这样做的后果是，虽然可以节省一部分资金，但是却存在着严重的安全隐患。

来自上海的张女士在装修新房时，从外面请了一个装修队装修，搬进新家后，一次洗菜时，刚拧开水龙头，整个人就觉得被电了一下，当时她并没有意识到是怎么回事。直到晚上，丈夫和女儿洗澡后都说有触电感觉时，一家人才觉得可能是家中的自来水带电了。后来通知电力公司人员前来检查时，才发现水龙头存在漏电现象。一家人躲过了一劫。

据上海市电力公司有关人员介绍，现在，家庭装潢非常普遍，但有些装潢公司的电工，专业知识相当缺乏，导致装修好的房子，外观非常漂亮，但由于电线排放不当，引起的漏电现象为数不少。

而那些没有资质、比较差的施工队，他们的电工根本就没有上岗证，专业知识也比较差，所以就可能引起漏电造成安全隐患。

水火无情，电亦无情，每年因漏电而导致电击事故不在少数，轻者伤残，重者死亡。因此，千万不要忽略私自改电的危险性。

上海市一对年约七旬的老夫妻就因私拉电线、私改电器，结果在大火中双双殒命。事后调查发现，老头以前曾做过电工，平时就爱搞“电器试验”，起火的具体原因经过初步了解，应该和私拉电线、私改电器有关。

防范措施

1. 在电路改造施工中，一定要请电力公司改造施工，即使价格偏高，但安全质量有保障，售后服务可靠。

2. 改电施工时的注意事项：

（1）电线埋墙时，一定要穿套管，避免漏电和引发火灾，也方便日后检修。

（2）选择电线时，要用铜线，忌用铝线。由于铝线的导电性能差，使用中容易发热，接头松动甚至引发火灾。

（3）电线一般不宜直接放在吊顶内，以免因短路而引起火灾，而应穿套管后再放入吊顶内。

（4）厨房改电时要横平竖直，切忌开斜槽放电线。

（5）卫生间里改电时，要多做一遍防水，以免发生漏电危险。

当心吊顶变成“掉顶”

隐患与后果

在现代装修中，越来越多的业主把屋顶也纳入了装修设计中，不再满足单调的一面白墙，开始选择吊顶，让新居看起来更美观、更有品味。吊顶虽好看，在施工方面却有着严格的施工要求，一旦施工人员“偷工减料”，吊顶很容易成为“掉顶”。

2008 年 9 月 9 日，武汉汉口的杨先生家厕所的吊顶突然掉下来，而这所房子装修还不到 2 年。

西宁市万通购物广场一大厅内吊顶发生塌落，所幸营业员及顾客被紧急疏散，没有造成伤亡。

防范措施

1. 要预防“掉顶”事件发生，首先要了解吊顶常用材料的种类。吊顶的常用材料主要有以下几种：

（1）铝扣板。铝扣板是用轻质铝板一次冲压成型，外层再用特种工艺喷涂漆料，使用寿命长，不易变形，并且耐热、防潮、抗腐蚀、不褪色。其施工也比较简单，安装后不会出现弯曲或中间下坠的情形。铝扣板的色彩比较丰富，可以满足不同人群的需要。

（2）塑钢板。由 PVC 改进而来，也称 UPVC，价格低廉，保温隔音性能好，花色较多，制作安装简便，但是强度低、易扭曲、耐热性差。购买塑钢板时，不要以为硬度越高性能就越好，有些钢板虽然很硬却很脆。

（3）纸面石膏板吊顶。在材料表面可刷涂料或贴顶纸，施工方便，强度高，加工性能好。

（4）玻璃吊顶。是结合照明灯具共同组合的吊顶形式，通透感强，不易清洁，因此，不宜用在厨房。

（5）金属吊顶。厨卫吊顶的新宠。其色泽优雅多样、立体感强、装饰效果好，防火、防水性能好，材质轻、强度高、安装方便，具有良好吸音、隔音效果，油烟清洗方便，使用寿命长，不易变形变色。

（6）集成吊顶。将传统吊顶拆分成若干个功能模块，如吊顶模块、取暖模块、照明模块及换气模块等，再通过消费者自由选择组合成一个新的体系，并且能够自由移动，但价格昂贵。

2. 要选择好的龙骨。吊顶的龙骨材料主要有木龙骨、铝合金龙骨、轻钢龙骨等几种。木制材料是传统的吊顶龙骨，其面板部分多采用人造板。轻钢龙骨以镀锌钢板、经冷弯或冲压而成的顶棚和骨架支承材料，具有质量轻、刚度强、防火与抗震性能好、加工和安装方便等特点。吊顶龙骨在保管安装时，不得扔摔、碰撞。罩面板在运输和安装时，应轻拿轻放，不得损坏板材的表面和边角，并应防止受潮变形。

3. 吊顶施工时，一定要做好监督工作。一旦有存在疑问的地方，要详细调查清楚，对于施工人员有问题保修的承诺，一概不予理会，坚决要求对方按规范施工。轻型灯具应吊在主龙骨或附加龙骨上，重型灯具或吊扇不得与吊顶龙骨连接，应在基层顶板上另埋设吊点。吊顶施工过程中，电气设备等安装应密切配合，特别是吊灯、电扇等处的增补强度应符合设计要求。

4. 如果吊顶变成了“掉顶”，首先要找当初的施工人员要求维修，如果对方拒绝，可以按合同处理；如果是街头的施工队，业主是无法找到他们的，其次，可以通过物业找到小区内的装修队，切忌再找街头施工队，避免再次受骗。施工时，要注意保护好橱柜和瓷砖，防止工人动作粗野造成橱柜台面或瓷砖的损坏。

推拉门轨道　暗藏安全隐患

隐患与后果

很多家庭在装修时，都会选择推拉门，这种开关门不占用空间，且美观大方。尽管好处很多，但是这种门同时也存在安全隐患。例如突起在地板上的轨道，很容易将人绊倒，发生安全事故。

北京市的张女士现在是谈“门”色变。张女士住的是复式楼房，装修时，考虑到楼上楼下有单独隐蔽的空间，就在2楼的楼梯入口处安装了一道推拉门。事发当日，张女士的朋友带着孩子来玩，临走时，孩子蹦蹦跳跳地下楼，张女士想要提醒已经来不及，孩子被凸起的轨道绊了一下，重心不稳，接着一个跟头从2楼栽了下去，造成手臂骨折。

别说是陌生人初次到家不熟悉环境，即使是家人很熟悉这个环节，一旦有急事匆匆外出，或者是一时疏忽忘记了，都会有摔跟头的危险。因此，这个突起的轨道在安装时就埋下了安全隐患。

防范措施

1. 在装修设计中，如果需要安装推拉门，安装时，一定要把下框的轨道嵌进地板里，或者选择门轨在上方的推拉门。

2. 如果是复式楼，在2楼的入口处尽量不要安装门，一来影响美观，二来楼梯处的空间会缩小。如果一定要装门，可以在离开楼梯处一米远的距离设计一道门。也可以在底楼的入口处安装一道门，错觉上可以造成一个房间的印象。为了弥补挡住楼梯的遗憾，可以请设计师专门设计成一道富有特色的门。

大面积使用玻璃墙　碎裂伤人没商量

隐患与后果

现在玻璃越来越多地成为家庭装修中常用的材料，它具有透光、透视、隔声、隔热等特殊性能，多用在门窗及需要提高采光度的墙面上。除此之外，人们还大量将玻璃做成室内的隔断和装饰造型。然而，人们只是看到了它好的一面，却忽略了它存在的危害——容易破碎伤人。

普通玻璃遇到磕碰容易碎裂，如果用来做室内隔断，住户一旦不小心撞到，或者是忘记了有玻璃隔断想直接穿过时，稍用力会撞碎它，最后导致皮肤被划伤。尤其是当家里有小孩时，在来回的玩耍中都有可能撞到玻璃隔断，造成伤害。

据有关信息显示，北京仅 1999 年就发生 6 498 起因玻璃炸裂而伤人事件，而且还有多起人员死亡事件。

有关专家指出，装修时使用非安全玻璃，犹如在家中安装了一颗炸弹，玻璃的易碎性与危险性成正比，装修过程中采用的普通玻璃，一旦发生碰撞，就很容易碎裂伤人。

防范措施

1. 在家庭装修中，室内隔断和浴室玻璃是最为敏感的部位。室内隔断的门和固定门是易受人体冲击的主要危险区域。无框架玻璃门和固定门如果使用普通玻璃，一旦受冲击破裂，由于没有框架支撑大块碎片，碎片会脱落、飞散，造成对人体的严重伤害。因此，做室内隔断时，应选择厚度在 10 毫米以上的优质钢化玻璃，而大面积使用玻璃隔断时厚度应在 12 毫米以上。

2. 做玻璃隔断时，应首选磨砂或带有彩色图案的玻璃，如果选用了透明玻璃，最好安装一个明显的提示小挂件，防止家人不小心撞上去。用玻璃造型时，一定要放置到安全地点，避免家人的磕碰。如果家里有小孩，最好放置到高处，以免孩子在玩耍时碰碎，造成意外伤害。

3. 用玻璃做分隔墙时，玻璃的边缘不要与硬性材料直接接触。玻璃嵌入墙体、地面或顶部的槽口深度要深，不能过浅，一定要让施工人员规范施工，保证日后使用安全。

4. 浴室内的地板、墙壁由于经常沾水，当人走动或用手扶墙时，易出现打滑摔倒的现象，可能会撞击玻璃隔断、淋浴屏，因此用于淋浴隔断、浴缸隔断的有框玻璃，应使用钢化玻璃、单片防火玻璃或夹层玻璃。浴室内除门以外的所有无框玻璃，应使用不小于 5 毫米的钢化玻璃、单片防火玻璃、夹层玻璃。

浴室内的无框玻璃门，应使用厚度不小于10毫米的钢化玻璃，以防冲撞玻璃裂碎后，人体受到严重伤害。

5. 如果装修费用足够，可以选择新型的夹胶玻璃，它是用胶将两块玻璃粘接在一起，增加了玻璃的结实程度，破碎后因为有胶的粘接不会四分五裂，因此，安全系数更高。

小心吊灯成“掉灯”

隐患与后果

在客厅里，人们通常喜欢挂一个玻璃、水晶等材质的大型吊灯，造型复杂多变，加上有许多容易破碎的材质，虽然外观看上去豪华艳丽，很上档次，但同时也埋下了很大的安全隐患。

由于灯具通常是由灯具店的工人上门安装，很多家庭认为是专业人员安装，不会存在任何危险，于是在安装过程中就忽略了监督，结果，工人会偷懒将灯具直接挂在电线上，有的户主甚至自己拉线安装吊灯。结果，这样安装灯具存在着很大的隐患：因电线承重能力小，吊灯随时会掉下来，灯毁人伤。

北京的陈先生一家就被吊灯吓坏了，他家有个20多斤的吊灯突然掉了下来，一盏大吊灯就摊在客厅的地板上，玻璃装饰和灯管变成一地碎渣。陈先生说，当时一家人正在吃饭，却没想到这盏大吊灯突然掉下来，还砸在亲戚的孩子身上。所幸吊灯只在孩子身上蹭了一下，没有造成太大的伤害。坠灯事件后他才发现，这个20多斤的吊灯竟然只靠木螺丝固定在天花板上的两个木栓里，并没有采用较为安全的膨胀螺丝。

防范措施

1. 如果房子的面积不是特别大，最好不要选择水晶类容易破碎的大吊灯，可以挑选一些木制骨架或者灯面是仿羊皮制成的灯具，虽然不及水晶吊灯华丽，但别有一番情调，而且质量轻，即使掉下来，也不容易造成大量的碎片伤害到人。

2. 做装修规划时，应包括灯具的安装，尤其是客厅里的大型吊灯，以便在施工时，提前做好灯具支架，便于日后将灯具直接固定在屋顶。如果是灯具店工人上门安装，一定监督其用电钻在天花板上钻孔固定，千万不要图一时省事，留下隐患。尤其是质量大于3公斤的大型灯具是不能直接挂在龙骨上的，否则很容易发生坠落的危险。

3. 家里有大型吊灯时，要养成定期检查其是否牢固、有无松动的习惯。如果有松动，要对其重新固定，防止日后脱落变成“掉灯”。

安装太阳能 做好防雷措施重中之重

隐患与后果

太阳能热水器受到越来越多市民的青睐，然而随着夏季雷雨天气的增多，一些没有采取防雷措施的太阳能热水器却暗藏安全隐患。虽然目前的高层建筑都安装有避雷带，但楼顶的太阳能往往高于这些避雷设施，楼顶的避雷带根本起不到保护作用，一旦雷雨天气来临，很容易引发雷击事故。

太阳能热水器通常安装在屋脊上，是建筑物的最高处，打雷时，很容易成为引雷针，强大的雷电流通过水管引入室内，危及其他电器乃至使用者的人身安全。此时如果有人正在用水，则非常危险，即使是洗洗手，也会遭到电击。

江西省的闫先生亲眼目睹了太阳能热水器被炸的情景。事发当天早晨7点，雷雨交加，闫先生正在看电视，突然一个惊雷炸响，炸雷过后，闫先生透过窗户发现对面小区的楼顶腾起火光，一尺多高的火苗过后，楼顶的一个太阳能热水器的玻璃管大部分碎裂。

此外，一些安装于楼顶的太阳能热水器如果没有避雷装置，很容易引发雷击。由于一些安装公司和用户缺乏防雷安全意识，安装过程中并没考虑对太阳能热水器进行防雷保护，这就给太阳能热水器留下了雷击隐患。

防范措施

安装太阳能热水器应该采取以下防雷措施：

1. 安装太阳能热水器时要增设避雷针。虽然楼房装有避雷设施，但由于太阳能处于楼房的最高点，因此，为了安全应该再加装一个避雷针。此外，从防雷安全上讲，屋顶太阳能热水器，顶部应至少低于避雷针 1.5 米，并与避雷针保持 3 米左右的安全距离，同时在已安装的热水器上增设避雷针。

2. 安装在楼顶太阳能热水器的电源线、信号线均应采用金属屏蔽保护。电源线路上也最好安装电源避雷器。一方面防止从导体串下来的雷电流，损坏太阳能热水器加热、水位以及温度监测显示系统；另一方面也可防止雷电流通过电源线路反馈到电源系统，损坏其他家用电器。而强雷雨天气，则应尽量避免使用太阳能热水器，外出时最好拔掉热水器的电源插头。

3. 在打雷时避免使用太阳能热水器，拔掉电源插头，尽量少接触水管、水龙头，以防万一。

燃气热水器　安装错误会爆炸

隐患与后果

目前，市场上的热水器种类有很多种，除了太阳能热水器、电热水器之外，燃气热水器也正受到广大家庭的喜爱。人们错误地认为燃气热水器比其他热水器要安全，却全然想不到，如果燃气热水器安装不当，照样会发生爆炸的危险。

北京市丰台区马家堡西路时代风帆大厦 28 层，因家中的燃气热水器突然发生爆炸，一名女住户当场被崩出厨房，造成 3 度烧伤。发生事故的电器厂家表示，事故的具体原因仍在调查中，不排除是用户使用不当所致。

燃气热水器爆炸除了产品自身的质量原因外，还有一个主要原因，即安装错误。安装时，如果把热水器的排气管直接安在通往厨房的烟道内，由于热水器在燃烧时所排出的废气中含有一部分不完全燃烧的煤气，当这些不完全燃烧的气体充满整个烟道时，随着烟道温度的升高，最终就会引发爆炸。

2008 年，南京市鼓楼区怡景花园 8 楼一住户家中，正在使用中的燃气热水器与管道突然发生爆炸。巨大的气浪掀翻厨房内的吊顶，阳台上的一扇窗户也受到冲击坠落，将楼下两辆轿车的车窗砸坏。幸运的是，住在家里的小夫妻仅面部受到轻伤，并无大碍。

防范措施

1. 选购燃气热水器时，一定要查验“三证”：

（1）国家颁发的燃气热水器生产许可证。

（2）CGC 蓝火苗认证——中国燃气具产品质量安全认证。

（3）国家级燃气具检测中心的产品检测报告或地方准销证。

2. 安装时，必须由经过专门训练并获得合格证的专业人员严格按“使用说明书”的要求安装，也可由当地天然气公司或煤气公司统一安装，严禁使用者私自安装。安装热水器的房间不能太小，最好有进风口或排气扇，严禁将热水器安装在浴室、卧室、过道里使用。热水器应安装在坚固耐火的墙面上。如果是在非耐火的墙面上安装，应在热水器的后背衬垫隔热的耐火材料，厚度不应小于 6 毫米。

3. 把热水器安装在厨房靠近窗户的地方，这样既能保持良好的通风，又便于在窗户上打孔使热水器的排气管伸出窗外排气。排风孔最好在贴瓷砖或勾缝前打好，以免打孔时弄脏已贴好的瓷砖和勾缝剂。安装好热水器后，要用肥皂水检查气源口处是否漏气，确认无漏气后才能正常使用。燃气热水器的点火过程是通过电池来完成的，长期不用时应将电池取出。

4. 给热水器一个独立的空间，方便检修，使其不易发生碰撞。燃气热水器最好远离木门、木窗等，也要远离厨房里的各种电器，如果厨房空间不大，有必要采取隔热措施。同时，热水器附近不要放置其他燃气用具或者易燃物品。

5. 如果决定在厨房安装燃气热水器，最好做一个百叶门的柜子来安放热水器，这样既美观，又有利于散热。

无 safe care 标志的电热水器会引发漏电

隐患与后果

电热水器是生活中的常用电器，直接关系着我们的身体健康。合格的电热水器在漏电后，一般会自动断电，而购买无漏电保护的电热水器则存在很大的安全隐患。

即将步入婚姻殿堂的宁波市李小姐就因地线带电在洗浴时不幸中电身亡，而李小姐的悲剧并非个案。据有关部门统计，近几年，我国电热水器市场的增长幅度高达16%以上，市场销售份额占到了57%。然而，就在电热水器销售形势一片大好的时候，关于电热水器的质量投诉也在一路走高，投诉反映最严重的问题是漏电死人伤人。据不完全统计，我国至今因用电环境带电导致的电热水器死人伤人事故已有十几起。

漏电死人伤人的投诉主要集中在没有“防电墙”技术的电热水器产品。有资料显示，电热水器的安全隐患不仅存在于产品本身，也来自外部的用电环境。由于电热水器必须装有良好的接地才能确保使用安全。然而，如无接地线、地线带电、自来水管带电、其他电器漏电（一根线接好几个电器）等引发的安全事故更多。

沈阳市的于女士正在家中洗澡，突然听到热水器发出了警报声，她惊叫着从浴室中跳出来。她的丈夫随即拨通了该电热水器的生产厂家帅康集团在沈阳售后服务部以及当地消协的电话，闻讯赶来的帅康售后服务和当地消协人员经检查发现，于女士家的地线带电！沈阳消协人员表示，如果没有帅康电热水器“智能防电墙”的安全保护，在外部环境漏电情况下可以发出声光报警并自动切断电源的话，后果将不堪设想。

防范措施

1. 一定要购买带有 safe care 标志的电热水器。它是中国消协、中国家电研究院、中国家电协会制定的安全热水器的标志。safe care 主要指一种“防电墙”安全防护技术，它能在电热水器发生诸如绝缘不良、器件损坏等造成漏电或者外界环境带电的情况下，发生警报并自动断电，确保人身安全。

2. 购买热水器时一定要选择正规厂家，不仅质量有保证，而且售后服务好。一旦产品发生问题也可以要求赔偿。

3. 要请专业人员安装，保证地线、火线安装正确。

4. 应在热水器标注的使用年限内使用。如果超出了使用期限，水箱内的电热管就会发生破裂，导致电热丝与水接通，造成触电事故的发生。

劣质淋浴房　爆炸把人伤

隐患与后果

淋浴房是现代家庭装修中备受追捧的产品，市场上销售的淋浴房既有进口的也有国产的，它在提供方便的同时所带来的安全隐患也不容忽视。一些不法企业为了谋取“高利润”，往往偷工减料，采用半钢化玻璃或热弯玻璃来降低成本。这种淋浴房通常用普通玻璃做成，受外界因素影响如冬天用热水夏天用冷水而发生爆裂，造成财产损害，严重时还会造成人员伤亡。

上海市虹口区的吴女士半年前买了一个淋浴房，事故发生的那天晚上，吴女士正在家中的淋浴房中洗澡，才冲了10分钟，就听见“咔嚓”一声，她扭头一看，发现身边一块淋浴房玻璃出现几道裂缝。随后，一块约一尺宽的玻璃爆炸四处散落，其中一小块击中吴女士的脚背，顿时血流不止……

这个淋浴房是半年前买的，安装使用后没有遭到任何碰撞，突然发生爆炸，显然是质量问题。商家最后为吴女士支付了80元医疗费用，并退还1300元产品款。

玻璃淋浴房内部是一个密闭的空间，高温和高压积累到一定程度就会对玻璃屏形成压力，导致玻璃受热不均，如果淋浴房采用的玻璃没有达到生产标准，便可能产生爆炸。因此，市民在洗澡的时候，不要突然使用温度过高的热水，而是应该慢慢调高水的温度。

防范措施

1. 选购淋浴房时，一定要到大型商场购买正规厂家生产的品牌产品。查看产品的合格证、详细的生产厂家、厂址以及联系方式，仔细阅读说明书，向销售人员确认产品的制作材料，一定要选择售后服务良好的产品。

好的淋浴房应该采用钢化玻璃制成，钢化玻璃抗弯强度和抗冲击强度都比普通玻璃高好几倍，而且比普通玻璃更适应骤冷骤热的变化，一般可承受150LC以上的温差变化，可以有效防止热炸裂。即使钢化玻璃碎裂后，碎片也呈细小颗粒分散状，没有尖锐棱角，不会对人体造成伤害。

2. 注意淋浴房电气的安全性。因为淋浴房的使用与电密不可分，所以对其电气安全性的要求是非常严格的，应该与电热水器不相上下。特别是在卫生间高温、潮湿的环境下，电气安全性存在问题有可能直接威胁使用者的生命安全。在安装淋浴房前，一定要做好布线位置、设置漏电保护开关，以免安装时返工或者给日后使用带来不方便，如漏电保护开关的位置设计在淋浴房的后面，一旦使用中漏电保护切断，维修人员就只能搬开淋浴房才能进行操作，影响维修顺利进行。

3. 合理分配卫生间空间。现代家装设计中，在安装整体浴室时，一定要量好卫生间的尺寸，很多人将家里的卫浴空间分区处理。如果说卫生间空间在10平方米左右时，即可设干湿区；如果小于 10 平方米，最好不要安装淋浴房。建议使用玻璃隔断或是整体浴室来给卫生间进行较合理的分区设计，以免卫生间的空间更显窄小。

4. 如果卫生间的空间比较小，不能安装淋浴房，可以挂一个浴帘，既省钱又环保，地上再砌起一圈挡水砖坎，可以防止“水漫金山”、“水花四溅”。

选购家电很重要　能否防雷是关键

隐患与后果

避雷设施主要有避雷针、避雷线和避雷带等，用来阻止雷电的袭击。国家规定住宅小区应装有避雷设施，然而，在现实生活中，通常只有高层住宅设有避雷设施，而一些低层住宅往往被建筑商们忽略。因此，家庭装修时，一定要使用有防雷设施的家用电器，如电视、音箱等。即使小区装有避雷设施，为了安全，业主也最好选用有防雷措施的家用电器。

王女士住在单位宿舍楼 5 楼最西头，晚上打雷下雨时，她一个人躺在客厅的沙发上看电视。忽然一道白光一闪，接着屋里就全黑了。王女士吃惊地看到，白光从窗户进了屋，正擦着她的身体过去，接着她感到眼前闪了一下刺眼的光亮，然后只听“轰”的一声，屋内立刻什么都看不见了。王女士意识到可能遭雷击了。第二天早上，王女士所在单位的物业部门在为她家检查线路时发现，王女士当时躺的沙发后面的一个插座已经烧焦，屋内线路的零线被烧断，已经全部短路，电视机也被雷电击坏了。

有些用户为了提高接收效果，安装室外天线，再加上防雷设施跟不上，很容易遭到雷击起火。

防范措施

1. 验房时，一定要查看有没有避雷设施。业主应先到楼顶查看是否有安全的防雷设施如避雷针或避雷带，再进入房间检查配电箱是否有防雷接地端子，电源插座部分是否有安全接地线等。

2. 在低压相线与零线之间安装一只 FYS—0.22 千伏金属氧化物无间隙的避雷器，不仅可以有效防雷，还可防止由三相四线进户零线断线引起中性点位移而产生的过电压危及人身和家用电器安全。此外，还可以在低压线路进入室内前，安装一组无间隙避雷器，室内再装防雷插座，构成三道保护。

3. 购买加装避雷器的家用电器，如电话机、电器插头等。这种家用电器将体积很小的金属氧化物避雷器埋在家用电器插头里，使每一件家用电器都通过低压避雷器可靠接地。

4. 雷雨天时一定注意防雷。最好关上门窗，防止雷电进入室内，断掉屋内电视、电脑、音响等电器的开关，不让电器与电源接触，最好也关上电灯，关掉手机。有条件的市民最好在楼顶安装避雷针。

莫让插座“咬”住孩子的手指

隐患与后果

现代居室里，很多插座都会设置在距离地面很近的墙壁上，在客厅、卧室里都有。为了美观，这些插座一般都没有保护装置，这一看似无伤大雅的细节，其实对家中婴幼儿存在着严重的安全隐患。孩子的好奇心会促使他们摆弄一切自己能摸得到的物体，这些带孔的插座就成了他们探索的目标，很容易把手指或者其他利器伸进插座孔，引起中电事故。

河北省杨先生现在想起来仍然心有余悸。那天，杨先生正在客厅看电视，儿子坐在地板上玩小汽车，突然，儿子一声惨叫，杨先生抬头一看，吓傻了，儿子的手指正伸进墙上的插座孔里，情急中杨先生忙脱下外套，将孩子拽开，从而避免了悲剧的发生，随后送往医院。儿子的性命保住了，但杨先生每每想起来仍然后怕不已。

防范措施

1. 做电路设计时，一定要考虑到所有的插座在通电时可能出现对家人安全的危害。插座最好远离水源地，同时避免位置太高或者太低，以防日后使用起来不方便。

2. 家中有 0～2 岁的孩子，插座最好放置在隐蔽的地方，或者要有物体遮挡住。距离地面 1 米以内的插座一定要装有保护盖，不用时要随手盖好，防止幼童把手指头伸进插座孔中。

3. 暂时不用的插座可以做一些装饰，避免引起孩子的好奇心，也可以买一些安全电插座的防护套，将插座孔封上。

第五章

致病的装修

装修中，各种材料带来的污染无处不在。建材带来的污染会让您的新居成为“有毒化工厂”，给您及家人带来疾病。本章针对装修中出现的各种污染，逐一介绍，再加上详细而有效的预防措施，能让您轻松地避开装修中有害物质的污染，从而大大减小因污染而带来的致病危害。

儿童房过度装修　小心引起白血病

隐患与后果

年轻父母都喜欢把儿童房布置成童话世界，却忽视了室内污染。由于儿童房一般比较小，又兼卧室、书房、活动室等多功能于一体，本身使用的材料就多，家具也多，容易造成材料释放的有害物质增多。在此基础上，家长还都愿意在儿童房的装修设计上做“加法”，导致空间承载量大大高于其他房间，造成室内环境污染，存在严重的健康安全隐患。

装修中，各种木工板、人造板材制成的家具、内墙涂料、胶粘剂、壁纸、地毯、沙发和窗帘等，均含有甲醛、苯等挥发性有毒物质。它们都是国际卫生组织确认的致癌物。苯可以引起白血病和再生障碍性贫血，是引起小儿白血病的主要物质。甲醛会导致中毒，轻者出现头晕、恶心、四肢无力、咽喉肿痛、皮肤过敏等症状，重者会引发小儿白血病，造成死亡。

2005年8月9日，福建福州市马尾区法院宣判了我国首例由于新房装修造成甲醛超标致人死亡案件。2004年5月，林先生将其位于福州市马尾区的新房以包工和部分包料的形式，承包给某装修公司进行装修。7月3日，林先生将新房的地板装修工程包工包料发包给某地板贸易有限公司。8月下旬，林先生夫妇与其4岁的女儿搬入新房。2005年6月11日，林先生的女儿突然出现持续高烧、咳嗽等症状，经福建医科大学附属第一医院诊断为急性白血病。因治疗无效于8月27日死亡。

福州市环境监测站于2005年7月22日作出的监测报告显示，新房装修一年后空气中的甲醛含量仍然严重超标，为每立方米0.39毫克，超过国家标准4倍。福建福州市马尾区法院宣判，受害者获赔17万元。

北京儿童医院曾统计，就诊的城市白血病患儿中，有九成以上的患儿家庭在半年内装修过。深圳儿童医院也曾对新增加的白血病患儿进行了家庭居住环境调查，发现90%的小患者家中在半年之内都曾经装修过。

防范措施

1. 儿童房的装修要保证科学、环保、无污染，选用优质的装修材料。值得注意的是，目前市场上的各种装饰材料都会释放出一些有害气体，即使是符合国家室内装饰装修材料有害物质限量标准的材料，在一定量的室内空间中也会造成有害物质超标的情况。因此，在选料装修时，首先要考虑房屋空间的材料承载量，如地面铺什么材料，墙面是刷漆还是贴壁纸，家具体积的大小和选用材料等问题。儿童房装修时尽量使用简单的装饰材料。按照国家《室内空气质量标准》规定：二氧化碳的浓度限制在0.1%以内，必须保证每人每小时有30立方米的新鲜空气。

2. 儿童房的装修宜简不宜繁。儿童房装修时，尽量要用减法，如不打地台、不铺地毯、不做吊顶、少用有颜色的油漆和涂料，家具体积不超过房间的50%。人造板家具注意严格封边和全部用双面板，房间的窗帘、布艺家具、布制玩具不能过多等，以防止各种污染物在室内空气中累加，造成室内污染物质的超标。此外，儿童的衣物放入新衣柜时要进行封闭包装。

3. 装修结束后，一定要请室内空气质量检测机构做检测，了解室内空气中有害气体的超标程度，以便采取相应的治理措施。装修完一定要进行通风处理，严禁装修完毕就入住。入住后，要对室内空气进行净化处理，可以购买一些能消除有害物质的仪器、设备，如用空气净化器来减少装修污染降低伤害。在室内摆放一些吊兰、芦荟、常春藤等能吸收有毒气体的花卉，以此降低室内有害气体的浓度。

大理石选材不当　易造成放射性污染

隐患与后果

目前，越来越多的人把大理石用在了家庭装饰中。然而，多数人对大理石的放射性却不甚了解。结果错误地选用了放射性强的大理石，造成室内污染，影响了家人健康。

哈尔滨市的张先生就深受大理石装修的害。张先生的新居位于道里区“东方明珠”。装修时，张先生花了近2万元购买了“杜鹃绿”天然大理石做厨房和卫生间的台面。这种大理石价格昂贵，从表面看，就像翡翠一样，晶莹剔透，带有一些绿色的小斑点。让张先生万万没想到的是，就是这12平方米的“杜鹃绿”大理石“揪掉”了张先生的满头黑发，还差点害得张先生患上白血病。在新房居住期间，张先生的头发掉得厉害，不到35岁满头黑发几乎所剩无几，同时，他还常常感到头晕、恶心。

经过中国室内环境监测中心哈尔滨分中心检测，张先生所用的“杜鹃绿”大理石放射性污染极强，只能用在人烟稀少地区的建筑上。

大理石按辐射程度的强弱分为如下3个级别：

A级，该类大理石辐射较小，不会对人体造成影响，可以在室内使用。

B级，该类大理石对人体健康有一定的影响，只能用在大厅、走廊等室内公共场所。

C级，该类大理石对人体有严重危害，只能用在户外的道路和广场，绝对不能用于室内空间。

防范措施

1. 选用大理石时，先认清大理石的种类。大理石分为天然石和人造石两种。天然大理石的放射性很低，家装中合理使用可以避免污染。而人造大理石除了放射性外还富含有害气体，这是因为人造大理石是以天然大理石或花岗岩碎石为填充料，用水泥、石膏和不饱和聚酯树脂为黏合剂，经搅拌成型、研磨和抛光后制成的。因此，其放射性高低取决于花岗岩填料、本身的放射性以及水泥石膏的放射性，而有害气体则主要取决于黏合剂中所含甲醛和苯等挥发性物质的多少。

2. 购买大理石时要注意以下几点：

(1) 到正规的商家去购买，并且向经销商索要《放射线水平检验合格报告书》。

(2) 选择颜色浅的大理石，放射线污染会相对弱一些。在使用前最好能到正规的检测机构做一下检测，以便放心使用。

(3) 巧妙鉴别天然和人造大理石：滴上几滴稀盐酸，天然大理石有剧烈的起泡现象，人造大理石则起泡弱甚至不起泡。鉴别好坏：用手轻敲，结构疏松的大理石声音低哑，质量上乘的大理石敲起来则声音清脆。

3. 单块大理石只对室内空气造成零星污染，但数块大理石装在不同的房间，就造成“集零成整”的污染，危害健康。因此，在选用大理石装饰时，一定要查阅专业资料或者咨询专家，做到限量使用，避免大理石污染。

4. 装修后以及居住后的两三年时间里，一定要多通风或者购置空气净化器、负离子发生器等，也可以在室内摆放一些花卉，如文竹、兰草、巴西木、仙人掌、仙人球等植物，以净化空气，减少室内污染。

过多使用大芯板　导致甲醛超标

隐患与后果

大芯板即细木工板，是以天然木条粘合成芯，两面粘上很薄的单板粘压而成，装修行业内俗称大芯板，是装修中最主要的材料之一，可以做家具和包木门及门套、暖气罩、窗帘盒等，其防水防潮性能较好。然而，在装修中，过多使用大芯板打制家具会造成室内环境中甲醛超标。室内环境检测证明，各种人造板是室内环境产生甲醛的主要来源。

中国消协曾对北京市场上销售的33种牌号的大芯板进行了测试和比较，结果令人吃惊。33种产品中只有一种符合国家实施的人造板中甲醛释放限量的要求，可以直接用于室内。33种品牌中甲醛释放量最高的样品超过国家标准26倍！

而中国室内环境中心公布的一项统计显示，中国每年因建筑涂料引起的急性中毒事件约400起，中毒人数达1.5万余人。而大芯板极有可能是污染源，因为它是甲醛污染的主要承载者。

做设计的金先生在装修新居时，自己设计了一套家具，然后找木工现场制作。做好后，家具散发着一股浓浓的刺鼻味道，金先生很奇怪这一股怪味从哪里来，要知道这些木料可全是选用上等的大芯板啊。木工师傅告诉金先生，大芯板刚开始都会有这种刺鼻味，在通风几天后就消除了。金先生因此没有太在意，然而，装修结束后，大芯板家具的刺鼻味道依然存在。金先生做了空气检测，发现家具中的甲醛含量严重超标。

大芯板根据其主要的有害物质甲醛限量分为E1级和E2级两类，在家庭装修中只能使用E1级的大芯板，E2级的大芯板即使是合格产品，其甲醛含量也要超过E1级大芯板3倍多。因此，家庭装修时，一定不能用E2级；同时，E1级大芯板如果用量过大也会造成甲醛累积超标。

防范措施

1. 选择大芯板时要注意以下几点：

（1）选择符合国家室内装饰材料标准的E1级大芯板，而且要在发票上注明。国家质监局公布并实施的《室内装饰装修材料人造板及其制品中有害物质限量》要求直接用于室内的大芯板的甲醛释放量一定要小于或等于1.5毫克/每升，一般正规生产厂家都有检测报告。

（2）查看生产厂家的商标、生产地址、防伪标志等，检查大芯板是不是正规生产厂家的产品。

（3）查看内部木材。可以锯开一角，检查里面的质量，木材之间的缝隙以3毫米左右为宜。

（4）验货。购买大芯板时，通常商家都会送货上门，在大芯板装车时，一定要一块一块地验收，防止商家在其中夹杂次品，以次充好。

2. 注意确定大芯板的使用量。面积在100平方米左右的家庭，使用大芯板尽量控制在10张左右，要注意室内空间的承载量，一定不要超过20张。此外，用大芯板制作家具等是要经过用胶粘板和刷漆两道工序的，因此，容易增加室内木器污染。特别注意不要在地板下面用大芯板做衬板，以免造成室内空气中甲醛严重超标。

3. 在使用大芯板的同时，还要考虑室内其他装修材料的使用情况，装饰材料使用过多，势必造成室内环境中甲醛含量累加超标。

4. 做好大芯板的饰面处理。《室内装饰装修材料人造板及其制品中有害物质限量》要求甲醛释放量每升小于或等于5毫克的大芯板必须经过饰面处理后方可用于室内。对不能进行饰面处理的大芯板要进行净化和封闭处理，特别是装修中用大芯板制作的各种家具背板、各种柜内板和暖气罩内板等，可以选用一些消除和封闭甲醛的产品，在装修的同时配合使用效果更好。

5. 在装修储藏间的时候，应多选用类似玻璃或铁艺之类的无污染建材。

大量使用油性漆　会使人中毒

隐患与后果

家庭装修使用油漆是必不可少的，但油漆中所含有的苯、二甲苯、TDI（甲苯二异氰酸酯）等有害物质会对人体造成严重伤害，从环保家居的角度来说，如果油漆选择不当，就必然会污染室内环境，甚至危害人体健康。油漆中的主要污染成分是苯、甲苯等苯系物，苯系物已经被世界卫生组织确定为致癌物质。

1. 人在短时间内吸入高浓度的苯、二甲苯会出现中枢神经系统麻醉的症状，轻者头晕、头痛、恶心、胸闷、乏力、意识模糊，严重的会出现昏迷。长期接触或吸入高浓度的TDI可引起支气管炎、过敏性哮喘、肺炎、肺水肿等。

辽宁省盘锦市盘山县沙岭小学曾发生过集体油漆中毒事件，使用新课桌后，每天都有几十名学生晕倒在地，不省人事，前往医院就诊的学生达到300多名。这些学生的共同症状是头痛、恶心、呕吐，个别学生还出现了昏迷、抽搐。环保和技术监督部门对沙岭小学连续进行了四天的检测，终于找到了答案——孩子们的课桌椅使用的油漆，苯含量超出国家标准9.7倍。

2. 夏季，密闭的高温环境下刷油漆，会引起爆炸。

北京的一个居民区里发生了一起因装修引起的爆炸事件，不但造成了装修材料的财产损失，而且还有人员中毒和伤亡。据了解，造成此次事故的主要原因是装修时所用的油漆稀料中的苯挥发后引起的爆炸。

防范措施

1. 装修时，应以水性漆代替油性漆。水性漆以水为稀释剂，是一种安全无毒的环保漆。油性漆以硝基漆、聚酯漆为主，本身具有污染性，在稀释过程中又需要加入大量含有苯等有毒物质的有机溶剂，成为家装中重要的污染物。目前市场上内外墙涂料、木器漆、金属漆都有各自相对应的水性漆，业主可以按需进行选购。

2. 挑选油漆时，要注意查看外包装上是否有明确的标签标志，包括产品名称、执行标准号、生产地、型号、规格、使用说明等。如果是知名品牌，一般还附有国家免检证书、名牌证书和中国驰名商标等标志。购买木器漆时，要看是否符合标准GB18581—2001。木器油漆是国家强制认证产品(3C标志)，必须符合GB18581—2001《室内装饰装修材料、溶剂型木器涂料中有害物质限量》的标准。购买时可要求销售商提供有资质单位出具的合格的环保检测报告。

此外，要慎用色彩鲜艳的油漆和涂料，因为它们中所含的重金属元素含量相对要高，容易造成铅、汞中毒。

3. 尽量购买成品家具，避免大面积地打造家具增加油工的现场施工。如果需要现场做木家具，在刷油漆时，可以在家具外面容易磨损的部位使用油性漆，内部看不到的部位刷水性漆，尤其是鞋柜、衣柜等通风较差的柜体，尽量使用水性漆。最后，加强油漆施工现场的安全管理：木料、涂料、油漆等不同材料要分散放置，不要混放在一起或一个房间，油漆等易燃材料要存放在通风处。在施工现场不能吸烟、扔烟头，施工现场要配备灭火器。

4. 油工施工时应注意：首先，一定要按施工工艺规范进行，防止工艺不规范造成室内空气中苯含量增高，导致中毒、爆炸和火灾等事故发生。其次，施工现场应尽量通风换气，以减少工作场所空气中的苯含量对人体的危害。

5. 装修后的居室不要立即入住，要通风一段时间，待苯及有机化合物释放一段时间后再居住。期间可选用室内空气净化器和空气换气装置，也可以选择活性炭吸附或者摆放一些花草去除油漆味。

防水涂料 谨防苯超标

隐患与后果

装修时，许多人在注意装修中的人造板、油漆涂料、放射性石材的污染时，却忽视了室内装修污染的另一个重要环节——室内防水涂料造成的室内环境污染。许多家庭在装修后发现卫生间和厨房里气味比较大，经过检测中心检测，这主要是由于防水涂料造成的污染，而且这种污染不容易清除。

防水涂料中含有苯，是强烈的致癌物，人在短时间内吸入高浓度的苯，前面已述轻者会出现中枢神经系统麻醉的症状，重者还会出现昏迷以至呼吸循环衰竭而死亡。

防水涂料一般分为水性涂料与油性涂料，水性防水涂料的耐水性、延伸力以及附着力都比较好，也更环保。油性涂料一般用于屋面或地下室防水，施工要求高，而且存在一定的安全隐患，在封闭的环境中施工容易引起中毒。然而，一些业主对两种涂料往往不加区分，容易把油性防水材料用于室内防水。

北京某宾馆在装修改造时曾发生一起防水涂料引发中毒的事故，造成了一死两伤的严重后果。3 名施工工人于早晨 8:20 开始涂刷防水涂料，其中 1 名工人找到一个防毒口罩在池下工作。工作约 8 分钟后，3 名工人相继感到不适，1 人晕倒，在救护过程中其余两人相继晕倒，20 分钟后由急救中心将中毒人员送往医院抢救，其中 1 人到医院时已经死亡，其余两人经抢救后脱离危险。中毒后，以前没有肝病史的工人表现为转氨酶升高，目前仍没有明显好转。经检查，造成工人中毒的罪魁祸首是进行防水涂料施工时使用的原料释放的有毒气体。

此外，还有少数业主使用含焦油的聚氨酯类防水涂料。这类涂料容易挥发出刺鼻性的焦油气，短时间内过多地吸入，能够致人快速中毒死亡。人体长时间即使是小剂量地吸入焦油气，也会引起呼吸道疾病，甚至引发癌症。

防范措施

1. 在选用防水涂料时，切忌使用国家明令禁用的防水涂料。《GB50325—2001 民用建筑工程室内环境污染控制规范》规定：“民用建筑工程室内装修中所使用的木地板及其他木质材料，严禁采用沥青、煤焦油类防腐、防潮处理剂。”

2. 选购无毒、环保的防水涂料。这类产品有丙烯酸酯防水涂料和无焦油的聚氨酯防水材料，可以防止防水涂料的污染。

3. 防水施工宜采用涂膜防水。涂膜防水是指防水材料形成防水层。目前常用的室内装饰防水材料一般有四种：硅酸钠防水油、高分子聚合物防水砂浆、丙烯酸防水涂料和单组分聚氨酯防水涂料。前二者都需要按比例和水泥等材料混合，油性液体填充整个水泥内部空洞，以阻止水的通过。后二者都会形成饱满致密而有弹性的涂层，形成防水层以阻止液体通过。从防水效果和保证年限上比较，后二者的涂膜防水要远好于前二者，因此，家用厨卫的防水工程上最好使用后二者。

使用 107 胶封闭底墙　当心甲醛超标

隐患与后果

107 胶，全名是“聚乙烯醇甲醛胶粘剂”，多用在刷墙、刮腻子、黏合地板中。这种胶水含有大量游离甲醛和苯，长期接触不仅对呼吸道和神经系统有巨大损害，严重者可引发白血病！然而，由于 107 胶粘合性强，价格比其他胶便宜，在一些小型地板商、板材家具商、装饰公司中，依然有不小的市场！很多地板、各类板材家具以及装饰材料甲醛超标，达不到国家环保标准，与使用 107 胶等劣质胶水有很大关系！

现在，由于 107 胶水所含甲醛和苯等有毒物质严重超标,国家已明令禁用。因此，装修时一定要提高警惕，切不可图便宜使用 107 胶。

防范措施

1. 在刷墙、刮腻子时，切勿使用 107 胶，应用 108 胶或其他优质胶水替代，选用无毒、少毒、无污染、少污染的施工材料。

施工时，业主一定要严格检查所用胶的种类，防止一些工人私底下换汤不换药，虽然包装上标明是其他新型建筑胶，但实际上涂的仍是107胶。如果有时间，业主最好亲自去选购胶。购买时，一定要详细查看包装上的各种标志，产品说明模糊、不全、无厂名厂址厂标的产品拒绝购买。

2. 尽量少用胶，可以通过以下做法进行：

（1）使用专用封闭底墙的墙锢，如美巢墙锢，可以减少甲醛污染。

（2）铲掉底墙，重新批腻子。做封胶处理是为了防止原有墙面裂缝脱落，同时也是粉刷工人图省事而做的，因此，最好的办法是铲掉原有墙面，重新批腻子涂石膏粉，然后再刷乳胶漆，确保墙面经久耐用。

3. 新买的家具不要急于搬入新居，最好能让有害气体释放一段时间。使用新买的人造木板制作的衣柜时尽量不要把内衣、睡衣和儿童的服装放在里面。

如果在使用地板和板材家具的过程中，有刺激气味，出现连续咳嗽、辣眼睛等症状，很有可能是甲醛惹的祸。

装修材料铅超标　易引起铅中毒

隐患与后果

铅是自然界中的一种微量元素，空气中、水中、食品中到处都有微量的铅。然而，进入人体的铅一旦过量，就会造成铅中毒，损害人体神经系统、造血系统和消化系统。尤其儿童是铅中毒的易感人群，这是因为离地面1米左右位置，是空气中含铅浓度最高的地方，6~8岁的儿童身高与此相当。

家住重庆市江北区的王女士就经历了装修铅中毒的事。王女士一家在装修后两个月搬进了新居，谁也没想到，搬进新家才4个多月，厄运就来了。原本学习优秀、乖巧听话的儿子竟突然成绩一落千丈，脾气暴躁，还成了班上的“小霸王”。王女士实在无法理解孩子行为的变化，带儿子到儿童医院心理科检查，结果吓了一跳：竟然是装修的新房子引起铅中毒所致。医院检查结果显示，孩子的血铅浓度竟达到了300微克/升，超过正常孩子的好几倍。儿童医院心理科梅其霞副教授介绍，铅中毒会造成儿童生长发育迟缓、情绪不稳定、有攻击行为、注意力不集中等。此外，对儿童视力、听力、身高也有一定影响。

铅污染还与居住环境、室内环境和饮水有关，很多新房装修时用的油漆、涂料、彩色墙纸、彩色陶瓷、装酸性食物的水晶制品均富含铅元素，长期接触将会铅中毒。同时，部分金属玩具、涂有油漆等彩色颜料的积木、塑料玩具、带图案的气球、图书画册等，都是引起铅中毒的重要媒介，甚至连拖鞋和吃饭用的餐具含铅量也超标。

此外，自来水管材也会引发铅污染。这种铅污染主要来自于PVC塑料管材中含有的热稳定剂铅盐，如果使用的PVC塑料给水管中的铅超标，铅离子就会从管道中析出，造成饮用水的污染，导致慢性铅中毒。

防范措施

1. 科学确定装修设计方案。家庭装修时尽量避免使用含铅材料，如含铅油漆等。即使是合格产品，也最好不要大面积使用一种材料，特别是房间里的地面材料，一定要考虑空间的承载量，否则也可能由于某种有害物质积聚过多而造成伤害。房间的装饰设计不要为片面追求色彩而大量使用颜色漆，防止造成室内铅污染。购买有颜色的涂料、油漆和壁纸时，要按照国家标准购买，切忌使用超过国家标准的装饰材料。

装饰儿童房间时，不要片面的追求色彩的设计，使用大量的颜色漆，防止造成室内的铅污染。选择婴儿床时，婴儿床的所有表面必须漆有防止龟裂的保护层，床缘的双边横杆必须装上保护套，婴儿床的油漆绝对不能含有铅等对孩子身体有害的元素。

2. 科学选择施工工艺。除特殊要求外，一般不要在复合地板下面铺装大芯板，要正确选择墙体封闭材料。用大芯板打制的柜子和包暖气罩，里面一定要用甲醛封闭剂进行封闭，最好不要有裸露的地方。油漆最好选用漆膜比较厚、封闭性好的。

3. 科学合理入住。新装修的房子不要急于入住，应尽量让室内通风一段时间，一般在一个月左右，等有害气体释放后再入住。有条件的应先请室内环境检测部门进行检测，听取专家的意见，对出现的问题采取科学的治理方法，以便确定合适的入住时间。

4. 家庭装修时，应选购新型环保无毒管材，严禁使用用铅盐做稳定剂的

PVC 管道。国家建设部颁发的《建设部推广应用和限制禁止使用技术》中限用含铅 PVC 管材，建议推广高密度聚乙烯（HDPE），聚氯乙烯（UPVC）（非铅盐稳定剂）管材，改用符合国家和行业标准的其他塑料管材、管件。

5. 日常饮用水时，要严防自来水管道的铅污染。早晨经水龙头放出的自来水含铅较多，待水放出 3~5 分钟后再食用。新装修的家居和旧房改造装修应该更换管道。如果老房子使用的是 PVC 水管，要更换为 PPR 管，或者在管道上安装除铅的过滤器，以防止管道老化腐蚀，铅大量溶入饮用水中，造成铅中毒。

实木复合地板　易引起甲醛污染

隐患与后果

实木复合地板以胶合板为基材，属胶合板类，由多层薄实木单片胶粘而成，花色多，不易变形，价位较低，因此，在装修中颇受年轻人的喜欢。但由于采用胶黏工艺，会造成室内甲醛污染。

在实际铺装过程中，因为优质地板胶价格昂贵，很多商家往往选用较便宜的普通胶，甚至是价格低廉的劣质胶，所以释放的甲醛比地板本身高出很多，造成严重的甲醛污染。

防范措施

1. 一定要选择符合国家环保标准的产品。国际环保组织规定绿色建材甲醛释放的标准是 30 毫克 /100 克。应尽量选择低于此标准的品牌。同时，要选择质量好的配料、辅料。最好将地板与辅料分开购买，并与商家签订环保合同。在安装地板时，要用环保胶或少用胶、不用胶。

2. 选购复合地板时，需要注意的事项有：

（1）看材质：好地板基材纯且无杂质，纤维颜色呈黄色。多层实木复合地板基材材质主要有全柳桉、全杨木、硬杂木及柳杂混、杨杂混等类型。其中全柳桉基材的硬度、稳定性、胶合性能、加工性能等物理特性要明显优于其他树种的基材，条件允许时，最好选用全柳桉基材的地板。

（2）看厚度：国际标准厚度为 8 毫米，低于此厚度不结实。目前市场上供应的多层实木复合地板除运动型地板外，家用型地板通常为 900～1220 毫米长，90～130 毫米宽，9～18 毫米厚。

（3）看表面耐磨转数：家用地板表面初始耐磨值一般在 6 000 转以上。可用砂纸来砂磨地板表面，如砂出来粉末为白色，即有三氧化二铝耐磨层，如粉末是黄色或其他颜色则没有耐磨层。

（4）看外观：好地板花纹逼真、清晰、亮度好；劣质地板花纹模糊、无光泽。选购时，可以把不同品牌的木地板放在一起作比较。

地砖太白　有放射性污染

隐患与后果

现代装修中，多数消费者喜欢用颜色较亮的瓷砖进行装修，既可以使居室看起来华丽亮堂，还可以在一定程度上弥补采光的不足，然而，多数消费者忽略了瓷砖对人体的伤害，除了会造成一定的光污染外，瓷砖中还含有放射性物质，对人体有辐射作用。

在瓷砖的制作工艺中，为了增加其表面的光洁度，便于清洗去污，生产商会在表面涂一层“釉料”，并在其中添加了锆英砂，而锆英砂中就含有放射性元素。因此，彩釉砖表面放射性元素氡的析出率比普通砖要高。超过使用寿命或人为损坏后的瓷砖脱落的釉面料尘，被人体吸入后，会危及健康。此外，在所有瓷砖中，抛光砖中超白砖的辐射更强，这是因为生产商在里面添加了“美白”原料——一些如硅酸锆、氧化锆等含锆类原料。

如果在客厅、卧室大面积使用瓷砖装饰，很容易造成室内放射性物质污染，平时在这些空间所呆时间较长，人体健康就会受到伤害。

防范措施

1. 选购有“3C 认证”标志的瓷砖。“3C”认证是中国强制性产品认证制度的简称，是英文“China Compulsory Certification”的缩写。3C 标志一般贴在产品表面，或通过模压压在产品上，仔细看会发现多个小菱形的“CCC”暗记。每个 3C 标志后面都有一个随机码，每个随机码都有对应的厂家及产品。从

2005 年 8 月 1 日起，国家对陶瓷砖装潢产品实施“3C”强制性产品认证，凡未获得国家颁发的强制性产品认证证书，并且未在产品上加贴“3C”认证标志的瓷砖，一律不得出厂、销售。需要注意的是，在规定中实行认证的瓷砖是执行 GB—T400.1 标准、吸水率小于或等于 0.5 的产品，以抛光砖、仿古砖为主，釉面砖和一些墙砖不在此范围内。

2. 家庭装修最好选用亚光瓷砖，书房和儿童房可以用地板代替地砖，白色和金属色瓷砖反光最强烈，最好不要在居室里大面积使用。

3. 到正规建材市场购买品牌产品，购买时须索要产品放射性检测报告，注意观察检测结果类别（A 最好，B 居中，C 最差），拒绝购买没有检测报告的陶瓷砖。

4. 装修完的房间，一定要请专家到现场检测，如果放射性指标过高，必须立即采取措施进行更换。如果超标不高，可不必拆除，但要保持房间长时间通风或选用有效的空气净化装置净化空气。

房间装饰太明亮　存在光污染的隐患

隐患与后果

目前，越来越多的装修追求浪漫豪华，为了让居室看起来更加“富丽堂皇”，并在一定程度上弥补采光不足，常常选用颜色较亮的瓷砖装修，在室内安装多个镜面、刷白粉墙等。在选用灯具和光源时，往往忽视合理的采光需要，把灯光设计成五颜六色。事实上，这样做的后果存在着安全隐患，容易引起光污染。

1. 瓷砖的光污染。置身于一个反光强烈、缺乏色彩的环境，眼角膜和虹膜可能受到伤害，导致视疲劳或视力下降，增加白内障发病率。同时，还会扰乱正常的生理节律，诱发神经衰弱和失眠。

北京市的王女士家就遭遇了光污染。新居入住后，王女士生发现女儿老是用手搓眼睛，开始时她以为是女儿学习累了，渐渐地，女儿开始不停地流泪。问到原因，女儿也说不清楚，就是想流泪，自己都控制不住。于是，王女士带女儿去医院检查，医生经过详细地询问，发现罪魁祸首竟然是家里装修太明亮，孩子受到了光污染的伤害。

然而，很少有人认识到家装中光污染的严重性。科学测定：一般白粉墙的光反射系数为69%～80%，镜面玻璃的光反射系数为82%～88%，白瓷砖装修的光滑墙壁、地面光反射系数高达90%，这个数值大大超过人体所能承受的生理适应范围，造成严重的光污染。

2. 颜色杂乱的灯光，除危害视力外，还干扰大脑中枢神经功能。

人们长期生活在过量的、不协调的光辐射下，可能出现头晕、目眩、失眠和情绪低落等症状，甚至出现血压升高、心悸、发热等。光污染对婴幼儿的影响更大，不仅削弱视力，还影响视力发育。

防范措施

1. 正确选择瓷砖和涂料。家庭装修时，应挑选反射系数较小的瓷砖，如地面铺贴瓷砖时最好选择亚光砖，书房和儿童房最好用地板代替地砖。白色和金属色瓷砖反光强烈，不适合大面积用在居室。如果安装了明亮的抛光砖，平时应开小灯，把光污染降至最低。

在选用涂料时，应选择浅色涂料，如米黄色、浅黄色等，可以减轻对视力的影响。尽量少用白色涂料粉刷墙壁，以减弱高亮度的反射光。

2. 灯光应做多项选择，尽量开小灯，以防灯光直射或通过反射影响眼睛。多运用点光源。点光源是指台灯、地灯发出的自然光源，它们的光束可以集中到物体表面，利用光影营造出柔和的照明效果，因此，可以在家中多摆几个地灯和台灯烘托气氛。也可以采用“二次照明”的方法，把灯光打到天花板后反射下来，既不损伤眼睛，又增添浪漫的氛围。

3. 装修时应根据不同空间、场合及对象，选择不同的照明方式。客厅如果选用明亮的吊灯或吸顶灯，同时地面又是亮光浅色瓷砖铺成，建议用壁灯、落地灯来代替室内中央的顶灯。壁灯宜用表面亮度低的漫射材料灯罩，减少地面瓷砖的反射，也就减小了光污染。

卧室里要多配几种灯，如吸顶灯、台灯、落地灯、床头灯等，做到随意调整、混合使用，让卧室内变得光线柔和，利于休息。

书房照明应以明亮、柔和为原则，灯的亮度不宜太大。书桌上的台灯宜选用带反射罩、下部开口的直射台灯，光源的选择要以不刺眼为准。

4. 合适的灯具可降低“光污染”的影响。

室内常用的光源，其照明亮度和光污染影响会不相同。柔和的白炽灯、镜面白炽灯及荧光灯造成的光污染影响较小，居室内可多采用此类光源。局部照明时，应用遮光性好的台灯，以阻挡这类光源所含的较多红外线辐射。

板式家具　也会引起室内污染

隐患与后果

近年来，板式家具广泛受到消费者的喜爱，办公室、客厅、厨房、卧室，随处可见它们的身影。与实木家具相比较，板式家具款式新颖，外观简洁，饰面材料多样，价格适中，再加上内部五金配件的设置，便于随意拆装、组合，符合现代人的审美需要。

可是，很多人只注重了外观，却很少有人意识到板式家具容易造成甲醛超标的危害。这是因为板式家具以人造板为主要基材，常见的有胶合板、细木工板、刨花板、中纤板等，这些板材都是由木材边角料、碎末黏合而成，在制作时使用脲醛树脂胶，这种胶会释放出游离甲醛，很容易造成甲醛超标，成为板式家具的污染源头。

中央电视台2套《生活》栏目曾报道过山东省东营市的3岁女孩洋洋因“红苹果”牌家具甲醛超标导致头发掉光的事件。洋洋的母亲王女士介绍，洋洋出生后7个月出现流鼻涕、流眼泪的症状，1岁左右开始脱发，并在2个月内头发全部掉光。父母四处求医，经医生诊断，脱发为甲醛过敏所致。经过东营市质量监督局检测，王女士家的室内空气甲醛超标9倍。可是家里并未装修，这污染是从哪里来的呢？最终检测出家里使用7年的“红苹果”家具的板材中甲醛含量为4.25毫克/升，超过国家标准1.5毫克/升将近2倍，为不合格产品。

广东省是我国家具生产的第一大省，广州市质量监督局曾对本地企业生产的板式家具进行了产品质量监督抽查。结果显示，广州市板式家具产品质量有所下降，近30%的产品不合格，主要问题在于甲醛释放量超标。甲醛释放量超标的原因集中在产品基材材质不达标、封边工艺粗糙、生产加工偷工减料、以次充好等。而2008年辽宁省抽查了沈阳、大连等9个地区21家生产企业的20批次产品（1家企业拒检），结果显示，10批次产品合格，产品抽样合格率为47.6%。有6批次产品的甲醛释放量超标，占不合格项目的60%。造成不合格的主要原因是企业为降低成本使用甲醛含量超标的低档黏合剂。

防范措施

1. 购买板式家具要注意以下几点：

（1）选择知名卖场的品牌家具。购买有品牌保证的产品，其售后服务也会相对有保证。在购买或者订制家具时，应当先看《使用说明书》，尤其是在验收时，更要依法索取，仔细对照。如果没有《使用说明书》，为了家人安全，最好考虑放弃。我国首部《家具使用说明》是国家强制性颁布的标准，标准规定家具销售时必须附上说明书，否则生产销售企业将受到处罚。

（2）签订合同条款尽量细化。消费者在签订家具购买合同时，除了要求家具的板材需符合环保标准外，还要注意细节，如注明“人造板全封边”、“不能以其他板材替换双面板”等条款，以便更好地保护自己的合法权益。

（3）检查家具必须“四面封边”。板式家具到货后，一定要检查家具是否四面封边，以防止厂家偷工减料，只做单面封边，不利于控制甲醛排放。同时，消费者还应重点检查家具的隐蔽部分，如抽屉底部的板材、橱柜背板等，防止厂家在这些部位使用低等级的板材。

2. 新家具摆放在家里后，一定要通风半个月以上。如果甲醛气味明显，就需要请专业检测机构进行检测。可以购买专业清除甲醛的空气净化器。也可以在房间摆放植物，如吊兰、虎皮兰等。

3. 切忌在过小空间摆放过多家具，以免污染超过室内单位面积的承载量。

地毯虽然很精美　当心引发“地毯病”

隐患与后果

在现代家庭中，很多业主喜欢在地面上铺一块地毯，既好看又保暖，却很少有人知道地毯也会存在安全隐患，传染“地毯病”。

地毯会滋生出大量的细菌和螨虫，当人们的皮肤接触到螨虫后，会出现瘙痒、红斑、丘疹等，一旦吸入到支气管及肺后，会出现咽痛、咽干、咳嗽、咳痰，同时会伴随着发热、头晕、胸闷等症状。此外，体质容易过敏的人接触到尘螨后，会发生过敏反应，使哮喘、湿疹加重，这就是“地毯病”——常见的室内污染源之一。

家住凤岭某小区的张女士搬进新居后，特意买了一块动物图案的小地毯摆放在儿子的房间内，好让两岁半的儿子坐在地毯上玩玩具。近日，张女士帮儿子洗澡时，发现儿子身上长了一块块红斑和红包，儿子满身瘙痒。不明究竟的张女士以为儿子得了热疹，去药店买了一支药膏擦到儿子的皮肤上，可是几天过去了，儿子的病情不但没有得到遏制，反倒越来越严重。心急如焚的张女士只好带着儿子去医院检查，经医生检查，儿子得了“地毯病”——一种由生存和繁殖于地毯中的螨虫引起的病。为此，张女士后悔不已，明明是为了孩子好才在房间地面上铺了一块地毯，没想到却害了孩子，让孩子感染上了“地毯病”。一气之下，张女士把地毯掀掉，扔进了垃圾桶。

日本就曾发生过严重的“地毯病”传染，患者几乎都是幼儿，死亡率占患者的3%，随后还曾不断上升。经研究后发现，这种病是由于一种叫螨的生物所引起，它们大量而又广泛地存在和繁殖于室内的地毯中。它没有翅膀，是长着四条腿的“纯种”无脊椎动物。它凭借自己轻盈的身体，只要有微小的“风”便能飞黄腾达，与尘埃为伍，沸沸扬扬，无孔不入，被专家们形象地称为尘螨。小孩之所以比大人更易得此病，原因在于他们常常在地毯上玩耍。

防范措施

1. 尽量少用地毯，最好不用合成地毯。新铺的合成地毯会向空气中释放出高达100种不同的化学物质，其中有些是可疑致癌物，还有些容易诱发基因突变。在使用一段时间后，地毯的每一部分会繁殖成百万的微生物，容易传染“地毯病”。

2. 如果客厅中铺地毯，可选用羊毛或纯棉地毯等天然纤维地毯，也可以根据家庭情况尽量选用天然纤维的小块地毯，一定要做好对地毯的保养、维护、清扫和消毒，每天一次用吸尘器吸去粘附的灰尘、垃圾，每月定时进行清洗消毒或晾晒，防止地毯中滋生细菌和螨虫。不要让婴幼儿在地毯上爬滚或睡觉。

卧室最好不铺地毯。虽然铺了地毯后隔音、防滑、保暖效果都会比较好，但因为不利于打扫，时间长了会有细菌滋生，不利于健康。此外，如果家里是地热式用电地暖尽量不铺地毯，以利于热量直接散出，避免热量散不出来使电阻丝烧断。

3. 铺设地毯时，避免使用黏合安装。通常黏合剂中会含有甲醛，建议有过敏症的人在铺设地毯时，应尽量避免使用黏合的方式，这样可以减少健康隐患。

提防劣质马桶　引发“马桶癣”

隐患与后果

新居装修时，业主都会安装新马桶，与之配套的马桶圈通常都是塑料或者橡胶制成，尤其是一些低档马桶可能会含有或多或少的甲醛。如果业主在没有使用马桶垫的情况下皮肤直接接触马桶，很容易导致臀部过敏，引发“马桶癣”。

“马桶癣”是因接触马桶而发生在臀部的一种皮肤病症。多数患者是因为对新漆或塑料制品过敏而引起的，表现为在臀部呈圈状损害，大小范围与所接触的马桶口相仿，边界清楚，开始时呈潮红，接着出现丘疹、小水泡或脓包、脱皮等，异常瘙痒。

《中华医药》曾播过一期“咬人的马桶”的节目。2007年的6月1日是刘先生大喜的日子，新婚的他和妻子搬进了布置好的新房，新婚之喜加上乔迁之喜，双喜临门让刘先生高兴得合不拢嘴。然而红火的小日子才刚刚开始，麻烦出现了。睡了一宿觉起来以后，刘先生感觉臀部特别瘙痒难受，越挠越痒，钻心的刺痒。起初刘先生并没有太在意，以为是被蚊子或者什么虫子给咬了，抹点花露水、风油精什么的就好了，可谁知却越来越痒。刘先生每天如坐针毡，上班成了他最痛苦的事。更麻烦的是妻子怀疑他在外面染了性病，刘先生怎么解释也解释不清楚。实在没着了，刘先生去了医院。结果令他哭笑不得的是，自己得的并不是什么疑难病，而是“马桶癣”，简单地说就是马桶引起的过敏反应。

防范措施

1. 如果家庭人员中有过敏性肤质，最好选购高档马桶。高档马桶因为烧制时的温度高，能够达到全瓷化，而且吸水率很低，不容易吸进污水、产生异味，而一些中低档的马桶吸水率很高，当吸进了污水后很容易发出难闻气味，且很难清洗，时间久了，还会发生龟裂和漏水的现象。在挑选的时候，可以用手轻轻敲击马桶，如果敲击的声音沙哑，不清脆响亮，那么这样的马桶很可能会有内裂，或是产品没有烧制合格。

2. 新买来的马桶，切忌马上安装。拆封后，应放置在通风处，让甲醛等有害物质散发出去。使用前应先去商场购买棉毛制成的马桶垫，既美观，又保暖，还隔离了臀部与马桶的直接接触。

3. 传染了“马桶癣”后，要尽量避免接触马桶，使用时要做好皮肤和马桶的隔离，一周后即可痊愈。如果过敏很严重，要及时到医院治疗。

4. 治疗皮炎小妙招：用凉开水把毛巾浸湿后敷到皮炎的地方，隔两三分钟，再浸到凉水中然后再继续敷，这样反复敷半个小时左右的时间，一天敷上2～3 次，就可以起到镇痛消炎止痒的作用。注意一定要用室温左右的凉水，千万不要用热水去烫，也不能用冰水去冰，因为过度刺激可以导致皮炎更加严重，或者激发感染。

安装劣质油烟机　当心诱发肺癌

隐患与后果

装修中，越来越多的业主开始关注污染问题，然而，与装修污染严重不成比例的是多数业主忽视了油烟污染，前期重金打造新居，后期却囊中羞涩无力购买质量好的油烟机，结果给了油烟可乘之机，无形中成了油烟这一“肺癌杀手”的帮手。

油烟机吸烟效果差，如果长时间大量吸入油烟，轻者头昏乏力、食欲不振，重者患上“醉油综合症”，导致呼吸系统、心脑血管疾病，严重时会诱发肺癌。经常烧饭做菜的女性，患肺癌危险性增加了 17.4%。

近年来，肺癌发病率直线上升，上海市胸科医院公布的一项肺癌流行病学调查报告显示，因长期在厨房接触高温油烟，中青年女性患上肺癌的几率会增加 2~3 倍。油烟的污染不容小觑，科学研究表明，厨房污染主要来自两方面：一是从煤、煤气、液化气、天然气中释放出的一氧化碳、二氧化硫、二氧化碳、氮氧化物等有害气体，具有致癌的危险；二是烹饪菜肴时产生的油烟，这种油烟中有 200 多种化学物质，其中包括苯丙芘、挥发性亚硝胺、杂环胺类化合物等致癌物。调查发现，在非吸烟女性肺癌危险因素中，超过 60% 的女性长期接触厨房油烟，做饭时眼和咽喉经常有烟雾刺激感，有 52% 的女性烧菜时喜欢用高温油煎炸食物，还喜欢关上厨房门，这样愈发加重了小环境的油烟污染。

肺癌原本只是男性的“健康杀手”，现已严重威胁到女性健康。在女性中，肺癌患病率仅次于乳腺癌居于第二位，死亡率则居第一位。在 2007 年 9 月第十二届世界肺癌大会上，与会专家一致认为，“室内污染”已成为导致肺癌的元凶，厨房油烟和房屋装修中的有害物质成为肺癌两大诱因。

防范措施

1. 厨房内安装油烟抽风机等净化设备和装置，一定要选择正规厂家出产的抽油烟机，在烹饪过程中，要始终打开抽油烟机，烹调结束后最少延长排气 10 分钟再关闭。

2. 改善厨房的通风条件，如适当开启厨房窗户和其他房间的门窗，使厨房内的浊气能及时排出，新鲜空气能流进来，以利于燃料的充分燃烧，减少由于能源的低效燃烧导致大量有害气体的生成。

3. 改变传统的烹饪方式，尽量降低烹饪时的油温，油温不要超过 200℃（以油锅冒烟为极限），可以有效减少油烟。从营养学的角度上分析，此时下锅，菜中的维生素也得到了有效保留。此外，可以多使用微波炉、电磁炉、电饭煲、电烤炉等厨房电器产品，减少厨房内的空气污染。

4. 选择食用油时，最好选择高级烹调油，避免劣质食用油在加热过程中产生更多有害物质。切忌使用反复烹炸过的油，反复加热的食油本身含有致癌物质，在挥发的油烟中所含致癌物也更多，长期在这样的环境中工作，更易引发肺癌。

窗帘选购不当　当心甲醛污染

隐患与后果

在家庭装修时，为了远离甲醛，大多数人都会选择接近零污染的板材和涂料。但即使这样，有些家庭在进行室内空气质量检测时，仍然显示甲醛超标。这是怎么回事？原来他们忽视了窗帘、布艺家具等所用的装饰布的污染，这些纺织品也常常含有甲醛。大多数消费者忽视了一个细节，那就是窗帘也可能成为居室中一个重要的甲醛释放源头。

窗帘中怎么会含有甲醛呢？原来，在纺织品生产中，为了改善织物的抗皱性能，提高纺织品的防水性能、耐压性能以及提高色牢度、改善防火性能等，制造商常在织物中加入人造树脂等常用助剂，而这些树脂中就含有甲醛。在制作窗帘的织物中甲醛的含量各不相同，一般来说，带有装饰和涂料的纺织品甲醛含量会较高。当纺织品长时间暴露在空气中，并不断受到强光照射时，就会释放出甲醛。因此，住户在购买窗帘时一定要多加注意。

防范措施

1. 购买窗帘布时要注意：首先，闻气味。如果产品散发出刺鼻的异味，就可能有甲醛残留，最好不要购买。其次，挑花色。挑选颜色时，以选购浅色调为宜，这样甲醛、染色牢度超标的风险会小些。第三，看品种。在选购经防缩、抗皱、柔软、平挺等处理过的布艺和窗帘产品时也要谨慎。

2. 选购中高档的窗帘。质量好的窗帘一般具有防火性能，而一些廉价的窗帘遇火易燃，对家人的安全会造成危害。

3. 窗帘使用时要注意以下几点：

（1）窗帘买回来后，一定要先在清水中充分浸泡、水洗，减少残留在织物上的甲醛含量。洗好后，要挂在室外通风处晾晒，然后再用。

（2）一些床单、被罩等直接与皮肤接触的纺织品里面也含有甲醛，一定要水洗以后再用。

（3）如果房间窗户比较多，可以选择不同材料的窗帘，如百叶帘、卷帘，等等。

环保材料累计叠加　造成室内污染严重

隐患与后果

在装修中，大部分消费者认为“环保”、“绿色”就是“没有任何污染”，结果，把大堆的污染低于国家规定标准的建材大量地运用在家装上，当这些所谓的“零污染”含量加在一起时，总量就会超过房屋面积的承载量，造成室内污染。

事实上，标称是“绿色建材”和“环保材料”的建材并不是说没有污染，而是指它们的污染低于国家规定的标准。如某些板材的甲醛释放量每立方米低于 0.15 毫克，就达到 E1 标准了，可以称为“绿色建材”。简单来说，绿色建材也不是完全没有有害物质，只是把有害物质控制在规定的最低标准值以内。

南京的陈小姐装修新居时，所用的装饰材料都是到正规的装饰市场购买的“环保材料”：环保涂料、绿色地板、绿色油漆……还有健康家具，甚至连一些小装饰品、玩具，陈小姐都选择在大商场里购买。然而，装修结束后，结果还是让她大失所望：甲醛超标 2 倍、苯超标 3 倍……明明都是环保材料，却不小心装修了一个污染严重的家！

防范措施

1. 正确认识“绿色建材”、“环保材料”，合理的计算房屋空间承载量。目前市场上的各种装饰材料都会释放出一些有害气体，即使是符合国家室内装饰装修材料有害物质限量标准的材料，在一定量的室内空间中也会造成有害物质超标的情况。

2. 搭配使用各种装饰材料。特别是地面材料，最好不要使用单一的材料，因为地面材料在室内装修时所占比例较大，容易造成室内空气污染。

3. 要为日后购买的家具和其他装饰用品的污染预留空间。各种污染物可产生叠加，如果装修工程结束时室内有害物质已经临界于国家标准，再购买家具和其他装饰用品，则一定会造成室内污染超标。

4. 简约化装修。家庭居室装修应以实用、简约为主，过度装修容易导致污染的叠加效应。如部分消费者给新居铺设实木地板时，还要在下面加铺一层细木工板，目的是使地板更加平整、踩踏时的脚感更好。但从环保角度考虑，这种过度装修其实没有必要，一旦铺垫在下层的细木工板存在质量问题，甲醛等有毒有害气体会透过上层实木地板向外扩散、释放。

5. 采取措施降低室内空气污染。如加强通风换气，用室外的新鲜空气来稀释室内的空气污染物，使有毒有害气体浓度降低，改善室内空气质量。也可以在居室环境中多放置一些绿色植物，如长青藤、铁树等吸收苯和有机物。居室内种植吊兰、芦荟等植物可吸收甲醛。

检测要认真，别让“假”检测害了你

隐患与后果

对新装修的居室进行环境检测，越来越得到人们的认可。装修好的居室环境质量是否合格，关系着家人的健康，甚至是性命攸关的重大问题，而一些正规室内环境检测中心通常收费很高，多数业主望而却步。殊不知这正好给骗子们制造了诈骗的机会。有些环境检测中心一无合格设备，二无合格人员，三无检测资质，却打着“物美价廉”的招牌，很容易吸引对家装污染数据不熟悉的业主，经过一番装模作样的测量后，轻松地出具报告糊弄业主，甚至在检测现场直接告诉业主检测结果，而业主一看“合格”二字就付款了事。住在经过这样检测的房子里，后果可想而知。

哈尔滨的李教授去年5月装修了一套140平方米的住房，请了一个自称“权威”的室内环境检测单位进行检测，面对“天书”般的检测报告，李教授在寻找到“合格”两字后，便放心地搬进新居。没想到一家3口入住不久，个个胸闷、头晕，最后医院诊断为“新居综合征”，是装修污染所致，等到专家重新检测后才知道原来的报告都是唬人之作。

防范措施

1. 选择正规的环境检测机构。在选择环境检测机构时，一定要查看检测机构的资质证书。正规的环境检测机构应具有 CMA 计量认证，以保证检测数据的准确性，然后根据检测数据“对症下药”，针对不同的污染物质进行消除。

2. 了解需要检测的对象。《民用建筑工程室内环境污染控制规范》国家标准（GB50325—2001）规定，室内空气污染的主要指标包括空气中的甲醛、苯、氨、氡、TVOC 五种有害物质的含量和菌落总数、二氧化碳等，而室内环境检测的项目是前五项。《规范》中规定，对于住宅、医院、老年建筑、幼儿园、学校教室等民用建筑工程，在验收时必须进行室内环境污染物浓度检测。结果要符合以下室内环境污染浓度限量：氡（贝可每立方米）小于或等于 200，游离甲醛小于或等于 0.08，苯（毫克每立方米）小于或等于 0.09，氨（毫克每立方米）小于或等于 0.2，TVOC（毫克每立方米）小于或等于 0.5。

室外篇：预防重大伤害是重点

防范室外的意外事故和防范居家的事故有明显的不同。室内预防事故以多注意生活细节、改变环境为主；而室外预防事故以多掌握知识、改变自己为主。这是因为每个人在自己的家里是个主动体，大部分事物能在自己的控制范围内；而人在室外更多的是一个被动体，无法改变环境，这时就要多掌握室外安全的知识，主动来改变自己，达到预防的目的。例如：我们知道了哪些地带是危险地带我们就尽量不去，如果非去不可就要提前知道做好哪些防范措施。再如：到自然环境中去，我们就要知道如何防范自然灾害等。

第六章

健身与运动　常识不可少

本章主要讲述因缺乏运动安全常识和防范意识而导致的意外伤害，如空腹慢跑会引起休克甚至死亡，长期在跑步机上跑步会损伤膝盖等。这些伤害轻者损伤肌体，重者残疾甚至死亡。锻炼健身本来是好事，千万不要因锻炼不当造成伤害，遗恨终生。

空腹慢跑　当心引起休克甚至死亡

隐患与后果

运动可使人增强体质，但运动一定要讲究科学，如果违反科学，则不但不能增强体质，反而会危害身体。晨起空腹慢跑就是违反科学的运动。科学实验证明：空腹跑步会增加心脏、肝脏的负担，易出现心律不齐等现象。运动的能量主要来自脂肪的分解，如果不吃东西就锻炼，因为没有摄入碳水化合物，体内缺少能量，但是又得消耗能量，要消耗的能量来源就是身体中的脂肪了。此时，人体血液中游离脂肪酸浓度显著增高，这样非常容易引起心律失常或产生休克造成死亡。另外，空腹慢跑还会引起和加剧老年人的冠心病和动脉硬化症。

美国著名的慢跑创始人菲莉克斯16年间通过慢跑使体重从90公斤减到60公斤，然而52岁的一天，他在早晨的慢跑途中因心肌梗死而去世。据了解，菲莉克斯在锻炼前没吃东西，由此在晨练时发生意外。

对于老年人来说，空腹晨练是一种潜在的危险。因为在经过一夜的睡眠之后，不进食就进行1~2小时的锻炼，腹中已空，热量不足，再加上体力的消耗，会使大脑供血不足，哪怕是短暂的时间也会让人产生不舒服的感觉。最常见的症状是头晕、心慌、腿软、站立不稳，心脏原本有毛病的老年人发生突然摔倒甚至猝死。

防范措施

晨起慢跑前应先食少量碳水化合物，如饮一杯糖水、豆浆或麦乳精，或者饮些蜂蜜，以保证能量，避免给身体带来不利。

钟情于跑步机 小心膝盖损伤

隐患与后果

越来越多的人喜欢去健身房锻炼身体，其中，很多人又钟情于在跑步机上跑得大汗淋漓。的确，跑步机在很大程度上可以帮助人们锻炼身体，但是，很少有人知道，过度钟情于跑步机，不仅锻炼不了身体，反而还会损害健康——损伤膝盖。

还记得电视连续剧《西游记》里的那个心地善良的唐僧吗？现实生活中，其扮演者迟重瑞就一度因钟情于跑步机而导致膝盖受伤。因唐僧一举成名后，迟重瑞就淡出了演艺圈移居香港，转向商界发展。在香港的几年，世界各地美食的诱惑令他胃口大开，体重一度达到98公斤。意识到问题的严重，迟重瑞从繁忙的事务中抽身，开始在跑步机上健身了。坚持了一年以后效果还不错，减掉了10公斤体重，而且高血脂、脂肪肝都没了。尝到了甜头，迟重瑞一口气在跑步机上坚持了12年，一直到2004年健康又向他亮起了红灯。他发现每次和朋友登山时，朋友爬得挺高，自己天天练跑步，爬得却很费力。迟重瑞充满疑惑地来到医院检查，结果出来后，医生的一番话让迟重瑞颇感震惊。医生说他的骨头像是老年人的骨头，磨损得太厉害了。迟重瑞一筹莫展，跑步曾经给自己带来很多好处，可现在怎么就成了膝盖疼痛的元凶？后来，还是器械健身的教练告诉他，跑步机是不错，但是它有它的缺点，老是原地蹬，确实时间长了之后损伤膝盖。

于是迟重瑞停止了跑步机上的锻炼，并且开始接受理疗，一段时间后，膝盖不疼了，逐渐好转起来。

防范措施

国家体育总局运动医学研究所专家认为，不正确地使用跑步机健身的确容易损伤膝关节，但若使用正确，是可以很好地锻炼下肢肌肉和膝关节，增强心肺功能的。

1. 一般刚开始用跑步机时，每次以 15~20 分钟为佳，经过一段时间适应后，跑步时间一般可达到每次 45 分钟，跑步的密度一般是两天一次。运动时，心率每分钟 120 次为宜。

2. 开跑之前要做准备活动，比如压腿、弯腰等，幅度要小；开始跑步时，要先快走，后慢跑再加速快跑；停下来时应先把速度调慢，慢跑进而转成快走，再渐渐停下。

3. 跑步结束后，放松肌肉很重要，因为大小腿的肌肉放松好了，膝关节的血液循环才能通畅。放松大腿肌肉的动作是：向前弓箭跨步、前腿弯曲呈直角，后腿呈蹬直状，逐渐下跪，并保持挺胸抬头，这个动作能较好地拉伸大腿前群肌肉；放松小腿的动作则是：向前跨一步，然后将身体重心移至后侧腿，开始下蹲，同时用力弯腰，前腿尽量绷直并脚尖上翘，如果将前脚掌紧贴在墙根，效果更佳，这个动作能较好地拉伸大小腿后群肌肉。

4. 以下两类人不宜使用跑步机：

（1）有骨质疏松、骨关节病、关节炎等慢性病的人。

（2）体形过胖的人，最好选择游泳的方式瘦身，因为体重过大会增加跑步中损伤膝关节的风险。

女性健身需谨慎　盲目锻炼反致病

隐患与后果

现在，爱美女性除了上美容院、理发店、化妆置衣外，越来越多的开始关注起健身。拥有一副健康、苗条的身材成为她们追求的新目标。因此，健身在女性朋友中流行并发展起来。然而，女性不合理的健美锻炼，不仅不会带来理想中的健康身材，反而会带来种种弊病。这些不合理的锻炼主要有以下几个方面：

1. 高强度的健美操加上较大音量的音乐，可能损害内耳功能，引起眩晕、耳鸣、耳内胀痛以及对高频率声音的听力丧失等恶果。

2. 过度进行举重锻炼等力量性练习项目，会导致雌性荷尔蒙大量丧失，严重时会出现男性化，如长出胸毛、肌肉过于发达等。

3. 活动中稍有不慎，容易发生外阴部血肿，严重者伤及尿道和阴道，甚至盆腔。

4. 过度的剧烈运动会抑制下丘脑功能，造成内分泌系统功能异常，影响体内雌性激素的正常水平，最后导致月经异常。

5. 剧烈运动、抓举重物、腹部挤压、碰撞等都可引起卵巢破裂。

6. 经期剧烈运动有可能使妇女得子宫内膜异位症，患者常出现渐进性加剧的痛经，还会引起不孕。

7. 长期超负荷运动，会发生子宫脱垂。

8. 常去健身房做器械操的女性，如从事举重等负重运动，除上面提到的疾病外，还会造成大小便失禁等症状。

防范措施

运动已经成为女性生活中不可或缺的一部分，但是，运动虽好却非人人皆宜，不同女性有不同的“运动禁忌症”，爱美女性千万不能盲目“跟风”，而要寻找适合自己的运动方式。

1. 瑜伽：不适宜高血压、脊椎有问题者。

2. 跳绳：不适宜慢性盆腔炎、慢性阑尾炎、高血压、腰肌劳损及膝、踝、髋关节炎患者。

3. 搏击操：不适宜心脏病、高血压患者。

4. 呼啦圈：不适宜肾脏功能不全者、腰肌劳损者、骨质疏松患者。

5. 游泳：不适宜阴道炎、急性宫颈炎、急性盆腔炎、泌尿道感染等妇科炎症患者。

“蹦极”一时的疯狂　带来终生的遗憾

隐患与后果

蹦极时每小时超过55公里的速度，是最恐怖、最惊险且最刺激的运动。根据研究，在蹦极跳的过程中，当事人的心跳、血压会在瞬间升高许多，产生很刺激的感觉。落地后抽血检查，发现他们的脑内啡肽及体内肾上腺皮质激素都比平时高，内啡肽正是让人心情愉悦的物质。再从心情量表来看，他们从弹跳前的紧张、焦虑，到跳完后的轻松舒畅，此种快感可持续半小时甚至两天以上，难怪不少人乐此不疲。

然而，这项刺激的运动却暗藏着一定的安全隐患。从医学角度看，蹦极运动对人体有几种潜在的威胁：

1. 在下落过程中视网膜下毛细血管破裂会造成暂时性的失明，一般几天之内可以恢复。

2. 对人体关节的伤害。轻者造成骨折、四肢麻痹，严重的造成永久性伤残。

3. 由于蹦极是新兴的运动，很多潜在的运动伤害还没有得到充分的研究，还可能会有其他潜在的伤害未被发现和证实。此外，蹦极设备缺乏检修、维护，调试不当、超期服役，工作人员缺乏必要的培训和经验，经营蹦极的俱乐部或公司没有遵照必要的安全条例，甚至根本没有取得合法的运营资格就大玩这种冒险游戏等，都是酿成一桩桩事故的根源。

防范措施

1. 不要轻易尝试蹦极。

2. 医生建议，除了年纪大者不宜玩蹦极外，凡有心血管疾病、颈椎长有骨刺者及经常出现头晕、眩晕、心悸等症状者，对这项活动也最好敬而远之。

3. 少年儿童不要玩成人蹦极，只能玩儿童蹦极。

第七章

危险地带　尽量远离

本章主要介绍在危险地带存在的安全隐患，如黑暗地带防抢劫、攀爬河边栏杆防坠落、提防过街天桥上下的“观景人”，等等。这些危险地带暗藏安全隐患，使人容易遭到意外伤害，轻则致残，重则丧命。认识了这些地带的潜在危险，只要我们加以防范，就可以远离这些不必要的伤害。

黑暗地带　警惕抢劫

隐患与后果

很多抢劫案件都是发生在晚上偏僻的地段，因为这些地方光线暗，行人也少，犯罪分子抢劫很容易得逞。

2008年，南昌市公安局破获一起抢劫杀人案，4名犯罪分子专门守在夜间偏僻处，对“看起来很有钱”的男女“下手”，进行抢劫，事后，又用绳索勒死受害人灭口。

近年来，频频发案的出租车司机被抢劫案也多发生在偏僻地段，犯罪分子事先冒充乘客乘车，然后到达一处偏僻的目的地实施抢劫。

浙江省温岭市一位开了十多年出租车的金女士在送一“乘客”到目的地时，在一处偏僻的山道上遭遇“乘客”的抢劫，随身携带的现金、金饰品被抢走。

防范措施

1. 即使是白天，也尽量不要孤身穿越僻静、人稀、地形复杂、照明不好、治安状况差的路段，即使它是一条捷径也不要走。有时宁愿多走几分钟，总比自己身处险境要好。如果一定要走，要边走边左顾右盼，留意可疑人员，快速通过。

2. 如果加夜班，一定要事先通知家人，加夜班回家最好打出租车，这样不但可以直接到家，还可节省时间早点休息。

3. 女性最好别在深夜独自外出，孤身女子总是很吸引人的。实在想外出，就多约几个朋友。单身妇女上、下班，如果要经过偏僻路段，最好有人护送。

4. 不要随身携带贵重物品，最好做到财不外露。一旦遇到歹徒行凶要及时采取正当防卫措施，并大声呼救，尽可能发动周围群众共同对付罪犯。同时要立即拨打 110 或到就近的治安联防点、派出所报警。

地下通道　提防背后闷棍

隐患与后果

近年来，各个地区频频发生地下通道抢劫案，这些案犯往往选择行人单独穿过地下通道的时候作案，因为地下通道行人较少，而且巡警也较少。案犯一般站在地下通道入口处寻找目标，一旦发现单独通过地下通道者，因为此时人流量不大，他们就迅速作案。他们一般也装作“行人”，提着里面有用纸包好砖块的手提袋，或手持用报纸等包好的看似建材等物件的钢管，待行人走到地下通道中间时，他便用砖头或钢管从背后猛击行人头部，进行抢劫。有时案犯用力过猛，会造成行人重伤甚至死亡。只要在“百度”上输入“地下通道抢劫”几个字，就会出现一系列发生在各地的抢劫案例。

沈阳市的蒋女士在天山路附近一个伸手不见五指的地下通道里，遭遇了两个藏在黑暗中的抢包贼。

北京市的肖先生在过陶然亭桥北侧地下通道时，被 3 名操外地口音的年轻男子暴打，抢走了笔记本电脑以及现金等财物。

一对青年情侣在中国政法大学研究生院东门附近过地下通道时，遭到两名男子的抢劫，男方在反抗中被扎3刀，左腹部被捅开，伤及肠部。

漆黑阴暗的地下通道已经成为歹徒行凶的“宝地”，一旦成为歹徒的“目标”，后果不堪设想。

防范措施

在偏远地区或人流较少的地方过地下通道时，一定要前后左右看看有无可疑人，在穿过地下通道的时候，要养成不时回头的习惯，以确保安全。

过街天桥 小心“观景人”

隐患与后果

地下通道内昏暗、偏僻，过街天桥行人稀少，因此近年来，这两种地方成为抢劫案件的多发地。

先说桥上。晚上，特别是冬天的晚上，过街天桥上的行人很少，而且天桥下灯光黑暗，是抢劫案易发地段。值得注意的是，并不完全是地处偏僻的天桥附近易发生危险，即使是交通便利的地方也会发生意外。

一位女士在晚上独身穿越位于闹市区的一座天桥时，看到一位男子正趴在栏杆上“观景”，当她路过这位男子时，男子忽然转身抢过她的包就跑，尽管这时候桥下有几个行人，但因为天黑，而且事出突然，待这位女子回过神时，歹徒早已不知去向。

西安市公安局曾抓获三名桥上抢劫者，歹徒自称是来西安的打工者，由于工资不够支付上网费用，竟然手持匕首、酒瓶，一连数天在西安市北二环的过街天桥上频频抢劫路人。

再说桥下。到了晚上，尽管路灯会把主路照得很亮，但辅路上就黯淡多了。犯罪分子会埋伏在桥下或周围的灌木丛中，等待桥上的“猎物”出现。从已经发生的案件来看，交界地段、城乡结合部是此类案件的多发地段，位于这些地段的居民们在日常生活中应提高防范意识。凡经过一些特殊地段——较偏僻或在某些时段人少的过街天桥或地下通道时应格外小心，因为这些地方往往是犯罪分子们乐于光顾的“点”。

防范措施

1. 尽量避免在夜间单独路过这两种地方，如果必须路过，也应该结伴同行或者与正要路过的路人一同通过。

2. 路过地下通道和过街天桥时，要注意以下几点：

（1）尽量不要打手机或者看报纸、杂志，因为那样会分散对周围环境的注意力。再者，劫匪看到拨打手机的路人会以为有利可图而将其当做首选对象。

（2）通过地下通道时，要注意防范罪犯从身后或者旁边的阴暗处袭击，因此要注意周边情况并迅速通过。晚上过天桥前要仔细观察周围的情况，如果桥上人少或有长时间逗留的男子，最好不要上去，等着与其他人结伴同行，或者多走点路，从人多的地方穿过马路。

（3）面对劫匪要冷静，如果对方人少而自己又年轻力壮，就可以与之展开坚决的斗争，同时要大声呼喊求援；如果对方人多势众，仅仅是为了抢钱，可以将钱交给他们，但要记住他们的体貌特征，并迅速拨打 110 报案。

加油站、煤气站　当心火灾和爆炸

隐患与后果

加油站、煤气站等地是重点防火地区，也是事故易发之处，现场工作人员在着装、行为、操作等各个方面都有严格的规定，比如不准打手机，不准带打火机、火柴等火源物，不准抽烟，不准穿金属掌的鞋等，主要目的就是杜绝任何可能引起火灾的缘由。虽说是严防，但火灾依然像烟花一样因为一个小烟头爆发，事故主要原因来自于来来往往前来加油的司机，他们一个习惯性的小动作——随手丢掉烟头，后果都可能是一场难以想象的灾难，因此，加油站实在是一个危险的事故点。

格鲁吉亚首都第比利斯市中心一处最繁忙的加油站在营业中突然发生特大火灾并随后发生大爆炸，警方经调查后确认，这起惨剧是由一位名叫捷利亚的司机驾车驶入加油站时随手扔下的一颗烟头所致。事发当时，该司机在驶入加油站时，将自己刚抽完的烟头随意弹出了车窗，烟头上的余火点燃了加油站因加油而散布在空气中的汽油，随后火焰迅速吞没了整个加油站并引发爆炸。这起事故中，加油站、捷利亚的汽车和附近的几家商铺完全被大火烧毁，司机本人因呼吸系统重度烧伤而入院抢救。

现在有些加油站或煤气站为了方便居民，而设置到了居民楼附近，有很多居民对此持欢迎态度，其实这也隐藏着很大的安全隐患，一旦出现意外，伤害面会很大。

防范措施

1. 最好少去这些危险场所，如果有事需要进入，一定要按照要求避免用火，未经允许也不要擅自乱动其中的设备或仪器。

2. 如果家居周围有类似危险场所，应该加强防范意识，如果认为这些站点危害到了自己的安全，一定要及时告知有关部门处理。

观潮美景虽爽人　太近却是易伤人

隐患与后果

每年都有不计其数的游客去钱塘江等处观潮，这本是件好事，但是年年都有人因观潮而受伤。事故的发生主要有以下两方面因素。

首先，潮水的威力巨大。据了解，潮景壮观之处往往是危险之处，涌潮的推进速度及摧毁力非血肉之躯所能抗衡。著名的钱塘江涌潮潮头一般为 1~2米高，最高可达 3 米，以每小时约 20 公里的速度由下游向上游推进。每年农历八月十八左右的潮水最为壮观，能够看到一线潮、回头潮等特殊的涌潮。平时还有一种暗涨潮，在远处时波澜不惊，无法察觉，待到近身时却是铺天盖地，具有很大的隐蔽性和极大的危险性。

危险固然有不可抗力，其次，更重要的因素却是观潮者、沿江活动人员对潮水缺乏了解，安全意识不强，警惕性不高造成的。很多事故都是由于人们缺乏对钱塘江涌潮危险性的了解，或是虽然有所知晓，却抱着一种侥幸心理，对危险置若罔闻而引起的。突出表现在很多外来人员对江堤上专门用于堤塘检查和维护等用途的出入门旁边的警示标语和标志视而不见，随意穿越，到河滩、丁字坝上去游玩、纳凉，甚至在江中游泳、洗澡。

防范措施

1. 观潮时选择安全区域和地段，服从管理人员的管理。要注意沿江堤坝上的警示标志，并严格遵守。要服从管理人员的管理指挥，按照划定的区域停车、观潮。不要越过防护栏到河滩、丁字坝等上面去游玩、纳凉，更不要在江中游泳、洗澡。

2. 潮景壮观之处往往是危险之处，涌潮到来，人切莫与其争道，避免发生人被潮水冲走的伤亡事故。

3. 掌握自救的方法。在面临危险的情况下，不要惊慌失措，要迅速、有序地向安全地带撤退，并立即向周边的工作人员或其他人呼救。撤离时，不要为了抢救财物而失去宝贵的自救时机。在万一落水或被潮水击打的情况下，要尽量抓住身边的固定物，防止被潮水卷走。周边人员在看到有人落水的紧急情况时，要迅速采取救援措施并立即拨打 110 报警。

河边石垛和栏杆　切莫攀爬防溺水

隐患与后果

公园里的湖边或者是一些开放的人工湖边，都有为防止行人掉入河道的石垛和栏杆，然而，这些看似安全的石垛和栏杆却隐藏着安全隐患。夏日，人们在湖边乘凉时，总是会坐在石垛上或倚在栏杆上聊天，尤其是一些调皮的孩子，有时一不小心就会掉到湖里。

北京市曾有一名小学生为了看清水里游动的鱼，攀上一处石垛，结果不小心掉了下去。幸好河道里水浅，孩子被及时救了上来，然而胳膊却摔骨折了，在医院里躺了一个多月。

除了孩子，坐在河边石垛上的成年人也不少，他们认为自己可以保护自己，如此掉以轻心，危险性可能更大，高谈阔论之际危险也在随时“恭迎静候”了。

此外，栏杆的危险性一点也不亚于石垛，因为很多河边的石栏杆都因为管理不善存在着事故隐患，有些地方的护栏有裂痕，还有一些护栏已经摇摇晃晃，根本经不住大力。而且河岸边的石栏杆大多只有50厘米高，只能作为防止游人失足落水的一般性防护，如果行人施加的外力超越了石栏杆所能承受的限度，就会使石栏杆断裂。

南昌市一名男子与朋友坐在抚河新洲闸口栏杆上说笑打闹时，不慎落入水中，后被十余名民警和消防人员援救上岸。

扬州市八里镇玉带河边曾发生惊险一幕，两名孩子骑坐在河边栏杆上玩耍时，栏杆突然倒塌，孩子随即掉入河中。

防范措施

1. 去河边乘凉、观赏鱼时，切不可攀上石垛，防止不慎掉下水中。

2. 河边的栏杆是防护栏，是防止人员或者车辆掉入河中而设的，因此，切勿依靠栏杆，如果发现有断裂或松动的栏杆，一定要远离。

3. 身边有孩子时，要警告孩子不要骑在栏杆上玩耍，提防掉进河里。

露天游泳区　游泳防意外

隐患与后果

很多人喜欢在露天游泳池游泳，一边享受水中的惬意，一边还呼吸大自然的空气，真的是自由自在、无拘无束，比室内的游泳池强多了。然而，在一些露天游泳池内，管理工作没有室内游泳池做得到位，要么游泳时没有管理救护人员，要么因为管理不善水不清洁还有异物，在这样的地方游泳应比在正规游泳池更加小心。

福建省连江县曾发生一起孩子在露天游泳池溺水身亡的事件。事发当日，张女士带着11岁的儿子去小区内露天游泳池游泳，由于管理人员禁止大人入内，张女士被拒进入游泳池内。然而，半小时后，张女士的儿子溺水身亡。事后，家长调查发现，孩子出事地点的水深都在1.7米左右，远远高于孩子的身高，而且由于天热，加上是露天游泳池，四个现场的看管人员其中包括救生员都躲进了一旁的休息室。家长认为物业没尽到应有的责任。而众多为此事愤愤不平的业主更是把小区物业处砸了个稀巴烂。

防范措施

1. 选择管理良好的露天游泳池，如果带孩子去露天游泳池，家长一定要在身边看护。

2. 不管是成年人还是孩子，一定要掌握自救常识，一旦出现异常要及时进行自救。

（1）在水中发生小腿抽筋时应立即上岸，伸直腿坐下，用手抓住脚趾向后拉，并按摩小腿肌肉。若不能立即上岸，应保持冷静，屏住气，在水中做上述动作。

（2）提防水中有异物，特别是尖锐的东西，如玻璃、锋利的石头等。

（3）注意防晒、防寒。露天游泳池无法控制温度，所以尽量不要在夏天中午去，如果去，要做好防晒工作，春秋冬三季则要做好防寒工作。

禁游“雷区”别闯入　出现险情抢救难

隐患与后果

在海滨浴场或一些危险水域，尽管挂着“此处游泳危险”、“不会游泳者勿到深水区”以及防鲨区的警示牌，还有提醒游泳者当心海沟、防鲨网等潜在危险的通知，然而，总有人冒险闯“雷区”。如果在这些禁游区出现险情，会因没人发现而得不到及时抢救。

不久前，湖北省十堰市的艳湖公园曾发生惨剧：一男子在艳湖露天游泳场游泳时，不顾管理人员用高音喇叭喊话劝阻，翻越深水区旁约1米多高的栏杆进入游泳场的禁泳区游泳，结果不幸溺水身亡。这已经是该公园露天游泳场自免费开放一年来发生的第3起溺亡事故。前两起均是因私自闯入禁泳区而导致惨剧发生的。

防范措施

为了自己的生命安全，千万不要在禁泳区这种地方表现自己的“勇敢”和“个性”。

非游泳场所 切莫去游泳

隐患与后果

除了正规游泳场所，还有一些非正规场所也是游泳爱好者常去的地方，不过，在这些地方游泳，由于水底情况复杂，江河湖泊的水底更是水流湍急，很容易出现意外。

合肥市天鹅湖畔是夏日纳凉的好地方，但是总有人不顾警示，到湖中的深水区游泳，悲剧屡屡发生。

徐州市一男青年在云龙湖东湖北岸游泳时溺水身亡，随后云龙湖派出所民警将尸体打捞上岸。

贵州省一名20岁青年男子在开阳县环湖新区东风水库游泳时不幸溺水身亡。

喜欢游泳是好事，但是如果在不安全的地方游泳，出了事就得不偿失了。

防范措施

下面是几个不该去游泳的场所：

1. 城市或公园里的景观水域或人工湖泊。这些河道既没有入水的台阶，也没有管理人员看护，而且水底状况不清楚，水中还有不少水草及其他异物，很难保证安全，如果发生意外，因为周围无人根本无法及时施救。

2. 池塘或水库。除了水草多水底状况复杂外，还有一个更大的隐患，就是鱼钩或渔网。

3. 长江或大型河湖。

巨型气球　尽量躲开

隐患与后果

现在许多大型商场、企业开业前都喜欢使用氢气球烘托气氛，我们在街头也常常可以买到小型的氢气球。氢气是一种易燃易爆的气体，受到高温、高压都可能发生爆炸甚至燃烧。为了避免事故，充装大型氢气球都有一定的规范，但是，有时由于不可预测的因素，很难保证不出现意外。

山西省曾发生一起氢气球爆炸烧伤28名幼儿的事故。当时，一家幼儿园的孩子们正在露天广场举行庆祝活动，100余只用来烘托气氛的氢气球突然爆炸，当场伤及28个围观的幼儿。据悉，事故原因是，为便于管理，工作人员将100余只氢气球集中放在一只大气球中，面对100余只可以“飞”的氢气球，围观的数十名孩子抑制不住好奇心纷纷将小手伸进大气球底部，向外拉抢小氢气球，在拉抢摩擦间，其中几只氢气球受力过大被挤爆，从而引起大气球内所有的小氢气球同时被引爆。随着一声闷响，气球周围的28个孩子被气浪和炸碎的气球碎片灼伤、倒地。

防范措施

遇事不去凑热闹，远离巨型气球。

当心天上掉下广告牌

隐患与后果

在城市的大街小巷，甚至农村有些小商店门前，都有大型的广告牌竖立在建筑物上，这些广告牌颜色鲜艳，设计新颖，的确给人们带来了视觉上的享受，当然更大的作用是带给人们生活上的指示。但是，这些巨大的广告牌一旦掉下来，可是后患无穷。

成都市茶店子东街的通达大酒店门口，一位老人好端端地走在人行道上，刚刚路过酒店门口时，台阶上的一块广告牌突然侧倒，砸在老人头上。事发后，几位好心过路人赶紧从广告牌下拉出老人。随后，120 急救车赶到。老人头部被砸出一处 1 厘米左右的伤口，第五胸椎压缩性骨折，所幸没有生命危险。事发后，老人的朋友赶到现场发现倒下的那块广告牌用几个支架安放在台阶上，周围甚至没有用螺丝固定，稍微用力都能推动。这块广告牌大约有 3 米宽，3米高，封面用塑料制成，四周有一些不锈钢角钢，大约需要两个人才能抬动。

除此之外，那些高高悬挂的巨型广告牌，更是犹如一个预谋的灾难，说不定什么时候就会从天而降，砸伤路人。尤其是在刮大风的天气里，广告牌被风刮落的情况时有发生。

西安市纺织城纺正街上的一家大型超市的门牌广告牌突然倒下，路人躲闪不及，有两个人被砸伤。事后了解，这个门牌广告牌之所以突然掉落，是因大风引起。该广告牌有 3 米宽，10 余米长，全部用铁架和木板组成，挂在 4 米高的大门上，事发后广告牌中的二分之一掉了下来。

防范措施

1. 在人行道上行走时，如果两边的高建筑物上有大型广告牌，一定要远离，切不可紧靠广告牌行走，以防广告牌突然倒下。

2. 遇到大风天，一定要远离商店门口，谨防门上悬挂的广告牌刮落下来。

第八章

安全出行，避免交通事故

我国每年交通事故死亡超过10万人，平均每天死亡300多人，居世界之首，伤残者的数量更是大得惊人。很多中小城市，私下买卖驾照现象非常严重，很多人根本没上过驾校，却拿到了驾照，这些人是不折不扣的“马路杀手”。交通事故危害人们的财产、生命安全。本章主要讲述外出乘车、走路时如何避免交通事故，最大限度地避免安全隐患。

红灯定要停　否则把命扔

隐患与后果

“红灯停，绿灯行，黄灯亮了等一等。”这句话人人都会说，连幼儿园的小孩子都懂得，然而，越来越多的人却把这句警言抛到了脑后，变成了“绿灯行，红灯闯”，给自身和他人的生命造成严重的安全隐患。

闯红灯的危害——违反了交通规则；影响交通秩序；严重威胁别人和自己的生命财产安全。不但车毁人亡，也带给别人无法弥补的伤害。

为何行人闯红灯的现象如此普遍？造成这种现象的主要原因是人们不遵守交通规则，缺乏交通安全自我保护意识。很多闯红灯的人认为反正路上没车，我过去也很快，肯定不会有问题。他们甚至对自己闯红灯的行为不以为然，认为是小题大做，如果前面没车，即使闯红灯也不会有什么危险。

看看这些人的“壮举”：眼看绿灯变红了，以百米赛跑的速度赶在车辆发动前迅速跑过斑马线。有时闯红灯走到一半遇到了车流，以一副无所谓的姿态在斑马线上等待车辆经过；即使是闯红灯越过斑马线时差点让车撞到，也只是往车内瞄一眼驾驶员，就匆匆跑过斑马线。事实真是这样吗？

来自北京市交管局的统计数字显示，2003年，北京行人事故为901起，死亡218人；2004年1月至2005年7月，北京市共发生行人事故842起，死亡200人，伤703人，直接经济损失726万多元。

2008年，全国共发生道路交通事故265 204起，造成73 484人死亡、304 919人受伤，直接财产损失10.1亿元。

防范措施

1. 严格遵守交通规则，对闯红灯不要有侥幸心理，这一次没事，下一次没事，说不定哪次就碰上了，要知道肉体永远撞不过铁家伙！别不拿自己的命当回事儿！

2. 面对红灯不焦不躁，遵守交通法规，自觉收住匆忙的脚步，想想家人正在等着你安全回家呢。

随意横穿马路　安全全然不顾

隐患与后果

先来看看几个交通死亡案例：

2007年12月25日上午10时，一辆货车由东往西行驶在海口市滨海大道，突遇一男子从南向北横穿马路，货车紧急刹车，但还是在刹车过程中碰擦到该男子，造成其颅脑受损当场死亡。

2008年12月，深圳市滨海大道沙河西立交桥附近，从江西来深圳打工的一对夫妻横穿马路，与一辆从广州开往深圳的大巴相撞，夫妻两人当场死亡。

2009年5月，广州市海珠区新滘东路，一名中年男子抱着一堆眼镜，从马路边往中间隔离网的缺口跑出，在快到达对面时，被快速行驶的小货车撞上，飞出十几米远，头部等多处粉碎性骨折。

2009年7月，汕头市金新路汕头机械厂附近发生一起交通事故，一辆自南向北行驶的出租车将一名正要横过马路的女子撞倒在地，当场造成其腿部严重受伤，倒地不起。

这样的交通事故几乎每天都在上演，来自海口市交通巡警支队的信息显示，每年因行人违章引发的道路交通死亡事故，占事故总数的20%以上。2008年新年前后两个月的时间，因行人违章横穿道路发生交通事故24起，占事故总数的40%，死亡8人，占死亡总人数的80%。

警方分析认为，行人交通意识淡薄是最大原因，其次，由于人们怕苦怕累，都想少走几步路，少绕一段路，最后选择横穿马路。

防范措施

1. 出行注意交通安全，过马路请走人行横道。

2. 横穿车水马龙的马路，可能遇到的危险因素会大大增加，应特别注意安全。

3. 穿越马路，要听从交通民警的指挥，遵守交通规则，做到“绿灯行，红灯停”。

4. 穿越马路，要走人行横道线；在有过街天桥和地下通道的路段，应自觉走过街天桥和地下通道。

5. 穿越马路时，要走直线，不可迂回穿行。在没有人行横道的路段，应先看左边，再看右边，在确认没有机动车通过时才可以穿越马路。

6. 不要翻越道路中央的安全护栏和隔离墩。

7. 不要突然横穿马路，特别是马路对面有熟人、朋友呼唤，或者自己要乘坐的公共汽车已经进站时，千万不能贸然行事，以免发生意外。

“怪招”骑车隐患多

隐患与后果

目前自行车还是人们出行的主要工具，然而，轻便的自行车却也是“马路杀手”。一些年轻人，喜欢玩车技，比车速，在车辆临近时横穿马路，甚至爬越道路隔离护栏，与机动车争道抢行，不走慢行道而走车行道。在车辆人流繁多的马路上横冲直撞，极易引发碰撞，导致车毁人亡。

从湖北到南京打工的夏某，在和几个工友骑车去附近夜市购买棉被时，由于天气寒冷，夏某便玩起了“技术”，将双手揣进衣服口袋里脱把骑车。结果，在快到迈皋桥广场夜市时，为了避开一位横穿自行车道的老太太，自行车撞到了旁边的护栏上，夏某从车上摔下时，右手下意识往地上一撑，致使右手手腕骨折。

夏天时，许多女性市民为了防晒也有边骑车边打伞的习惯，但是，单手握车把打伞骑车隐患重重。由于雨伞往往会遮挡骑车者视线，因观察不到周围情况，在快速前行或转弯时，极容易撞上其他车和人。此外，在风力作用下，雨伞风阻和兜风的现象难以克服，伞面随风摇摆必然会导致车把左右摇晃，当车体晃动程度较大，骑车者无法驾驭时，很有可能发生意想不到的交通事故。

安徽省滁城会峰路华瑞公司门前东侧路段，发生一起骑车撞人死亡的重大交通事故。由于下雨天王某骑电动车，一手撑伞一手掌握车把手，结果视线被挡，不慎撞倒环卫工人，伤者经医院抢救无效死亡。

防范措施

1. 骑车时不要脱把。双手脱开车把时会使自行车失去平衡而左右摇晃。遇到险情，来不及刹车，也来不及避让，容易发生撞车、撞人或车翻人倒的事故。

2. 骑车时不要一手持物或一手撑伞。在遇到紧急情况时，难以及时打铃、刹车，这是很不安全的。如果一手撑伞，危险性就更大，由于撑开的伞面容易遮住视线，会导致撞人、翻车事故。

3. 骑车时不要打手机、戴耳机听音乐。打手机或者听音乐都容易扰乱注意力，尤其戴耳机时，根本听不到别的声音，顾及不了来自身后的危险。如果需要接打电话，要将车停在路边再接通电话。

4. 骑车时不要相互追逐、曲折行驶。马路上车来人往，交通十分复杂。以“S”形行驶，玩弄车技或相互嬉闹、互相追逐都是十分危险的行为，稍不注意就会发生交通事故。

5. 骑车时不要图省力攀扶其他车辆，也不要和同行人扶肩并行。

戴劣质墨镜　行车危害大

隐患与后果

夏季，为了遮挡强烈阳光对眼睛的刺激，许多驾车上班、游玩的人们都戴上了墨镜。但是很多人意识不到，如果墨镜配戴不当，长时间戴颜色太深、太大的墨镜，会存在一定的交通安全隐患。

据研究，墨镜的暗色能延迟眼睛把映像送往大脑的时间，这种视觉延迟又造成速度感觉失真，使戴墨镜的司机作出错误的判断。特别是驾驶汽车、摩托车以 80 公里的时速前进时，颜色过深的墨镜会把司机对突发情况的反应时间延长 100 毫秒，结果增加了 2.2 米的急刹车距离。有关专家认为，严重的事故往往会在这种情况下发生。墨镜的框架宽大又重还会给人带来许多不适：有的司机眼睑和颊部上有酸胀、麻木的感觉，有的司机感觉鼻子难受，似感冒而非感冒。这些不良症状，都是戴宽大又重的墨镜所造成的。

防范措施

1. 不要一味贪图便宜，随便在地摊上购买墨镜。

2. 选购墨镜应注意以下几点：

(1) 优质墨镜不仅能将投射的强光减弱，还能保持光的中性，不造成视差和色差。“视差”，是戴上眼镜看物行路时物体被扭曲或变形，甚至对路面情况作出错误判断。“色差”严重时，会因分不清红绿灯而造成危害。

(2) 最好选用安全（不易碎）的树脂镜片，以防发生意外时眼镜碎片扎伤眼睛和脸部。

(3) 眼镜的大小、镜片的表面处理、屈光及弯弧度也是墨镜养眼和护眼的必要条件。

乘坐短途公交车　防扒手有诀窍

隐患与后果

短途外出时，许多人喜欢乘坐汽车。这种短途汽车随走随停，很是方便，然而，这种交通工具却存在着不少安全隐患。其中最大的安全隐患就是扒窃，特别是乘客较多的线路和行程时间长时，更是小偷活跃的时机。在汽车上遭遇扒窃的案例数不胜数。

防范措施

1. 在公共场合应将现金、贵重物品置于贴身衣袋或有夹层的包内。包不要离开自己的视线，最好是搂抱在胸前。对那些目光总是扫视别人的脸、身和衣袋行李，游移不定、面部紧张专注的人，要提高警惕，多加防备。

2. 切勿在公共汽车站点清理财物，以免成为扒手的目标。在车上打完手机后要放在随身的包内，不要别在腰上，给扒手可乘之机。

3. 上车时要把包、袋等物品放在胸前，防止扒手在上车的一瞬间故意拥挤，前堵后推，将你的钱物掏出来。

4. 上车后不要挤在车门口，尽量往车厢中间走。发现连续被挤时要格外警惕，注意你周围的人。对胳膊上搭着衣服、拿着报纸、手提袋等物品伸过来挡住你视线的人，要特别留神。对在车上走前窜后频频换位甚至有位不坐，故意站着的人，要特别注意，并设法赶快离开。

5. 在乘车途中，当车辆起步、停车、上下桥、急刹车和转弯时，要警惕那些利用车辆加速和转向时产生惯性力和离心力而顺势倒在你身上的人。

6. 扒手在车上或车下人多的地方，双手总喜欢交叉放在胸前，双肩忽高忽低。扒手作案的目标无非是钱包、手机等贵重物品，在人多拥挤时别让他人的手臂压在自己的肩上或抵在胸前。

7. 在车辆靠站或下车时不可疏忽自己的钱物，防止扒手在下车的一瞬间，故意拥挤，前堵后推，扒窃你的钱物。

8. 当发现扒窃犯罪分子正在作案时，可拨打 110 电话，并及时呼救，争取各方援助，并将犯罪分子扭送公安机关，切不可视而不见，惊慌失措。

9. 乘客遇有扒窃嫌疑人时，要团结起来，勇于斗争。

10. 公共汽车上发现扒手如何应对：

（1）幼小孩子在车上发现小偷时，不要和他正面冲突，最好的办法是机智灵活地通知售票员和司机。

（2）如果发现小偷在偷自己的财物，只要正面注视一下他，表明自己已经发现了，小偷自然会罢手。

（3）假如看到小偷在扒窃他人，可以高喊一声“小心被偷”，这样既可以引起被扒者的注意，也震慑小偷不能得逞。

（4）如果自己或他人已经被偷，不要慌乱，应立即通知售票员或司机不要打开车门。根据当时的情况将车开到就近的公安机关或驻地停车检查，同时注意是否有人往车外扔赃物，以及是否有人相互传递物品。

（5）有的乘客为了防止被窃，想到了一个非常有趣也非常有效的办法：利用手机铃声。他们事先在手机上设置了“小心，你的身旁有小偷”这样的铃声，来电话时就会发出这样的响声。假如当时有小偷正在作案也被吓跑了。如果没有，也能博得一笑。

乘坐公共汽车　谨防失火

隐患与后果

公交车是城市、乡村里人们出行的主要工具之一，也是目前所有运输工具中，单位面积载人最多的工具。国家大力补贴，公交车方便也省钱，但不可忽视的是这种交通工具存在着安全隐患。公交车失火便是其中之一，每年各地公交车或大客车冒烟起火的事件屡有发生，在乘坐公交车时不能不防。在百度网上搜索“公交车着火”，可以找到上万篇文章，几乎全国各地都有公交车着火的新闻报道。

空调公交车是公交车中发生火灾概率较高的车型。由于空调车上安装有空调，起火的几率较一般公交车要高，加之空调公交车窗户都是封闭的，起火时假如车门打不开，乘客就很难逃生。按照规定，空调车上应该设置安全出口，备有救生锤并有标志，但是在一些城市，大多数空调车都没有安全出口标志，有的空调公交车虽有安全出口也形同虚设，一旦出险后果不堪设想。

2009年6月5日，震惊全国的成都公交车燃烧案发生。早上8时许，车牌号为川A49567的9路公交车，在成都北三环川陕立交桥处起火，大火瞬间吞噬了整辆车，27人遇难，72人受伤。

事后调查，公交车着火原因是有人故意纵火，但导致事故死亡人数增多的原因却是司机和乘客安全意识严重不足造成的：公交车承载了数倍于其负荷的乘客，车里仅有三四十座位却挤进了上百人。公交车在起火前几分钟，便有乘客闻见烧焦的气味，并告知司机，但司机毫不理会，仍然快速前进，导致后来起火后想要逃生和救援均已来不及，最让人扼腕长叹的是公车上本应该配备的安全锤却不见踪影。

公交车着火给我们一个教训，全国众多的公交车不只存在着以上隐患，或许其他设备（如公交车上的拉手和扶手、车门等）也存有问题，这些都是严重的安全隐患。我们不要总是在惨案发生后，才想到如何补救。

防范措施

1. 乘坐空调车时要看清安全出口在哪里，一般车上都会有明显的标志。在安全出口会放置用来砸玻璃逃生的锤子，一旦出现意外，可果断用锤子砸破玻璃。如果发现经常乘坐的空调车上没有“安全出口”或没有铁锤时，应提醒司乘人员把安全锤放回原位。

2. 不要乘坐私装空调的车辆。在安装空调时，如果不到专业的相关单位去完成这些工作，就可能存在燃油系统泄漏、乱接线路等问题，埋下安全隐患。

3. 公交车内配有灭火器非常重要。上车前应检查是否有灭火器，如果没有，应提醒司机及时配备。所配灭火器的容量一定要适合车辆的大小。普通小汽车应至少配备一个中型灭火器（可选用3～5公升的ABC干粉灭火器或清水泡沫灭火器），而大型的客车、货车则应该相应多配备几个大型灭火器。

4. 在车辆行驶过程中发现火情，如闻到异味或看到烟雾后要立刻通知司机停车检查，及早发现问题。

5. 如果发现失火，作为乘客，首先不要慌，大家不要胡乱地抢着逃生，一定要按顺序逃生，因为慌乱地挤、抢容易浪费时间，减少逃生的几率。

6. 当公交车失火时，驾驶员能否保持冷静的头脑，是避免或减少险情的重要条件。司机应马上把车驶入紧急停车带，停车熄火切断油源，关闭油箱开关和百叶窗，并立即离开车厢。如果车厢门无法打开，可以从就近的窗户逃离。

乘坐长途客车　防人身伤害

隐患与后果

乘坐长途汽车时，因为路程较远，路况比较复杂，加之行车时间较长，司机和乘客都容易感到疲乏，这些因素都加重了乘坐长途车的安全隐患。为防万一，乘客在旅途中要做好预防措施，防患于未然。

2007 年 12 月 11 日，行驶在鹤山市龙口镇的一辆红色卧铺大客车遇到歹徒劫持。歹徒抢劫了全部乘客的财物后，将乘客全部赶下车，然后驾车逃跑，后被高速路的交警抓获。

2009 年 6 月 7 日凌晨，一辆从普洱开往昆明的长途客车在行驶到安楚高速公路禄裱路段时，车上两名男子突然持刀对乘客实施抢劫，其间刺伤多名前来制止的乘客，经过客车司机和乘客的殊死搏斗，两名歹徒最终被制伏。

防范措施

1. 如有安全带，一定要系好。

2. 如站在汽车中，一定要用一手握住固定的扶手。

3. 坐在汽车椅子上，两手握前排靠背横杆时，手要保持推的动作，而不是用力向自己的方向拉，两腿前伸，自然“顶住”前面。

4. 上车后不但要将自己的物品放好，还应该看看其他乘客的物品是否放好，特别是货架上的物品要摆放稳妥，以防行驶中颠下来。同时还要注意车上是否有禁带的易燃易爆物品，如有，提醒主人务必妥善安置好，以防万一。

5. 如事故已不可避免发生，应迅速用手抱头贴胸，靠近固定物，避免在碰撞或翻滚中伤及头部。当事故发生后，应迅速辨别自己的处境，根据当时的情况，冷静处理，灵活作出反应。

6. 如果事故发生时汽车仍在快速行驶，最好先不要跳车，若跳车，撞在地面，可能导致死亡，所以不到万不得已时，旅客切不可冒此大险。

7. 若事故情况复杂，乘客应尽可能迅速脱离车厢，躲避得远一些，以避免继发性燃烧、爆炸等意外发生。

冬季乘长途车 防气体中毒

隐患与后果

冬天，长途汽车会利用发动机带动车内的暖气供暖，空调车则会打开空调，如此将会使车厢内一氧化碳浓度增大。车厢内人多，人体代谢产物也多，其中尤以二氧化碳酸排放量最多，还有些乘客在车上吸烟，因此，车厢内的空气质量在冬天尤为不好。加之，冬天车窗很少打开，空气无法流通，在这种空气条件下，乘客极易出现中毒现象。在北方某地就曾发生整车乘客一氧化碳中毒事件，当时开车的司机竟然毫不知觉，幸亏有一位乘客强撑着走到司机身旁，才避免了更严重的后果。

某运输公司的一辆大型长途运输客车满载乘客，向目的地进发。经过一天的跋涉，司乘人员都十分疲惫，于是司机决定在前面的一个小镇过夜。到站后，乘客陆续下车，然而，有几位乘客却躺在车内早已不省人事。昏迷者被送往当地医院，经过医院证实，有两人已经死亡，另有6人严重昏迷。事后，经过警察的调查，这起惨案竟然是一氧化碳中毒。

原来，汽车的地板上所铺的地胶脱落，地板上裂开了两道裂口，宽两三厘米，而汽车的排气管也出现破损状态，汽车的尾气排放出的一氧化碳经缝隙排进了车内，导致乘客中毒。

经过专业检验部门检测，在未发动汽车和自然发动的情况下，汽车内一氧化碳等有毒气体的含量相差25～40倍，足以致人死亡或中毒，在汽车发动并向前运行的过程中一氧化碳等有毒气体的浓度更高。

防范措施

1. 在冬季乘坐长途客车时，不论外面有多冷，也要时常打开窗户换换空气。夜间行车时，一定要中途下车进行活动。

2. 司乘人员要做好客车的安检工作，防止出现故障，引发安全事故。

地铁隐患真不少 掉进轨道夹进门

隐患与后果

地铁已经是大城市主要的交通工具之一，由于各方面的保护工作，地铁被认为是最安全的交通工具，然而，乘坐地铁时，如果因一时疏忽大意，也会存在着安全隐患。

1. 候车时离轨道太近，容易掉进轨道，造成严重的伤亡事故。

北京市崇文门地铁站，一名男子在等候地铁进站时，蹲在靠近轨道的站台上，当列车进站时，他猛地起身，头部忽然一晕，栽倒在轨道内。列车虽然紧急刹车，然而，男子的脚趾还是被轧骨折。

2. 看重随身财物，忽略被车撞轧的危险。

有一些乘客在候车时，不慎把车票或其他物品掉落轨道，为了找回自己的财物，有的人不顾安全跳进轨道捡拾物品，此时很容易出现伤亡事故。

南京市中华门地铁站，一名女子在候车时，不慎将其乘地铁的单程票掉落轨道。为捡回车票，她一时冲动冒险跳轨。幸好被保安看到，地铁列车在离她十多米远的距离处紧急制动，女子平安无事。

3. 屏蔽门不等于安全门。

屏蔽门虽然可以防止乘客不小心掉入轨道内，但是却也存在安全隐患。屏蔽门与列车门之间正好可以容纳一个人。当地铁行驶前关门的时候，通常是先关闭屏蔽门，然后再关闭列车门，这样很可能造成没有挤进列车的乘客被关在屏蔽门内，而又无法进入车厢，最终夹在两门之间。这种可能性并不是凭空想象出来的，一些乘客为了赶上这趟列车，往往在列车发出关门铃响提示后仍然不顾一切地闯进屏蔽门，结果列车门已经关上，造成不可挽回的后果。

上海市轨道交通一号线下行往莘庄方向的一辆列车，行至上海体育馆站时发生一起事故：一名男性乘客在上车时，不慎被夹在列车与屏蔽门之间，在列车正常启动运行后，该男子不幸被挤轧致死。

防范措施

1. 老年人乘坐地铁时，儿女最好在一旁陪同，以免发生意外。

2. 遇到没有安装屏蔽门的地铁站，候车时一定要站在安全线外，当列车进站时，最好退后两步，千万不要为了抢座靠近列车，以免被列车高速行驶时带起的风刮倒，掉进轨道内。

3. 候车时，如果有物品掉落到轨道行驶区，千万不要擅自进入轨道行驶区捡拾，以免发生危险。

4. 列车即将关门运行时，千万不要硬挤进去，以免发生危险。

5. 地铁的车厢两头和车门处是撞车时易受损的部位，所以乘坐地铁时，尽量坐在车厢中部。千万不能靠在车门上，以免被车门夹伤。

6. 如果发现车厢内有烧焦味，应按响紧急报警装置。有明火和烟雾时，应在报警的同时，取出灭火器进行灭火，并要注意用毛巾或衣服捂住口鼻。切忌大喊大叫或过分紧张，要听从工作人员的安排，有秩序有步骤地逃离危险。

乘火车　当心五个危险时段

隐患与后果

节日期间是铁路最忙碌的时候，这时候“第三只手”们也开始忙碌，他们会在拥挤的火车上寻找下手的对象。在此提醒节日出行的旅客，提高防范意识，防止旅途中被盗。尤其在以下几个时段要特别注意：

一是旅客上车和列车开车前。

二是列车在中途站点停车前。列车在运行途中，由于旅客大都安顿完毕，安静下来，周围的旅客也基本固定和熟悉，因此这时小偷一般较难下手。但当列车快到中途站停车前时，往往是案件高发期。小偷会假扮旅客，携带简单的行李，买一张短途的火车票混入车厢中，寻找他们的目标，然后悄悄靠近或借故坐在目标人旁边，往往在列车快到达前方车站而周围的旅客开始做下车前的准备时，趁乱下手偷窃，得手后迅速下车逃脱。

三是旅客在列车中途站下车购物时。有的旅客利用列车到站停车时下车购物和活动身体，此时要小心有的站台上也有小偷。

四是当列车上有人找你“玩一玩”或者热情地请你吃东西时。有的不法分子往往会利用旅客在列车上烦闷和无聊的心理，猎取一些容易上当的旅客进行诈骗活动。他们通常会在列车上以给大家解闷为名，搞猜扑克、猜大小、套铅笔等各种把戏来设赌局和骗局。有的不法分子还会假装慷慨大方，请你吃他带来的食品，他们事先就在食品上做了手脚，计划麻醉旅客后实施抢劫。

五是夜间乘车避免打瞌睡或昏昏入睡。当列车进入夜间行车时，硬座车厢的旅客往往容易因乘车疲劳而打瞌睡或昏昏入睡，以往发生在列车上的盗窃和抢劫案件多发生在这一时段，特别是在下半夜。

防范措施

1. 旅客进站上车时要严格听从车站工作人员的指挥，有序地排队进站上车，避免互相拥挤给小偷制造机会。上车后要及时将自己的行李物品放好，避免随手乱放而造成丢失。特别是在上车前和在车厢内人多拥挤的时候，要看管好自己随身的小件物品。

2. 在列车到站时，旅客们要特别注意看管好自己的行李物品。

3. 列车到站后要尽量少下车，如需下车则尽量少带现金和物品，同时还要注意保管好自己放在车上的财物。

4. 旅客不要参与各种赌博游戏，发现有人在车上设骗局和赌局要勇于抵制和积极向乘警报告，更不要吸不相识人给的香烟，吃不相识人给的食品和饮料，以防不法分子实施麻醉抢劫。

5. 如有伙伴同行，可分头睡觉，留一人看护行李。如一人旅行，可与同座位的旅客互相提醒。

乘飞机　防“可怕的 13 分钟”

隐患与后果

全世界每年死于空难的约 1 000 人，而死于道路交通事故的达 70 万人，从这个意义讲，乘飞机也许是最安全的交通方式。然而，一旦发生飞机失事，幸存者寥寥无几。通常情况下，飞机起飞后的 6 分钟和着陆前的 7 分钟内，最容易发生意外事故，国际上称为“可怕的 13 分钟”。据统计，在我国有 65% 的事故发生在这 13 分钟内。因此，乘坐飞机应按要求，在起飞前要系好安全带。

防范措施

虽然飞机失事前，空降人员会紧急通知乘客，但是升降时飞机失事常十分突然，来不及向旅客发出警告，因此乘客应懂得飞机失事的各种预兆：

1. 机身颠簸；

2. 飞机急剧下降；

3. 舱内出现烟雾；

4. 舱外出现黑烟；

5. 发动机关闭，一直伴随着的飞机轰鸣声消失；

6. 在高空飞行时一声巨响，舱内尘土飞扬，这是机身破裂舱内突然减压的现象。

为防止遇到飞机失事，在乘坐飞机前应考虑以下预防和应急措施：

1. 选择一条中转最少的航空线，减少黑色 13 分钟的次数。

2. 登机后认清自己的座位与最近的应急出口的距离和路线。

3. 必须学会打开“应急出口”。若头顶部有重而硬的行李必须挪至脚旁。

4. 飞机失事时要按飞机广播和乘务人员的指挥行动，不要哭闹。将个人的眼镜、假牙、手表、笔等身上的尖锐物品取下丢到垃圾袋内。女性乘客要脱去高跟鞋，以防在飞机失控后的相互拥挤、碰伤。牢记安全门的方向及开启方法，并考虑在没有照明的情况下，如何能摸到安全门，以保证在飞机失事后，在最短的时间内准确找到安全门。

5. 飞机失事时要保持最稳定的安全体位：弯腰，双手握在膝盖下，把头放在膝盖上，两脚前伸紧贴地板。舱内出现烟雾时，一定要使头部处于可能的最低位置，因为烟雾总是向上的，屏住呼吸用饮料浇湿毛巾或手绢捂住口鼻，弯腰或爬行至出口。

6. 当机舱“破裂减压”时，要立即带上氧气面罩，并且必须带紧，否则呼吸道肺泡内的氧气会被“吸出”体外。为了增加舱内的压力和氧浓度，飞机会立即下降至 3 000 米高空以下，这时必须系紧安全带。

7. 若飞机在海洋上空失事，要立即换上救生衣。

8. 飞机下坠时，要努力保持清醒，避免“震昏”。

9. 当飞机撞地轰响的一瞬间，要飞速解开安全带系扣，猛然冲向机舱尾部朝着外界光亮的裂口，在油箱爆炸之前逃出飞机残骸。因为飞机坠地通常是机头朝下，油箱爆炸在十几秒钟后发出，大火蔓延也需几十秒钟之后，而且总是由机头向机尾蔓延。

10. 如果飞机已降落地面或很接近地面时，可用自动充气扶梯逃生。

第九章

外出旅游——有防范意识才能玩好

本章主要讲述外出旅游途中存在的安全隐患，如小心遭麻醉被抢劫、出门的住行安全、旅游景点别坐黑车，等等，这些隐患轻者让人破财，破坏心情，重者伤身丢命，魂丧他乡。旅游是一件好事，千万不要因一时疏忽大意影响旅游的好心情，更不要让旅游成为噩梦的开始。

小心“热情人”麻醉之后再抢劫

隐患与后果

外出旅游乘坐火车时，很容易寂寞，多数人为了打发寂寞，寻找旁人聊天，殊不知，此时很容易被小偷盯上。当列车上有人找你“玩一玩”，或者热情地请你吃东西时，此时你就要多个心眼了。

从常州开往上海的某次列车上，一位男士与同车的一名男青年，聊得蛮投机的。两人相互留下了手机号码，并留下了地址、姓名。之后，男青年给这位男士买了一杯咖啡，喝下咖啡10多分钟后，他便感到头晕，就这样不知不觉地睡着了。等他醒来时，才发现随身携带的两枚金戒指、一根金手链和一部手机以及1 400余元人民币都不翼而飞了。

在重庆飞往上海的航班上，外企高管马先生与一年轻女子相邻而坐，攀谈中发现，两人原来是老乡，结果越聊越近乎。在飞机抵达浦东机场后，马先生邀请她一同到自己预订的宾馆入住。谁知，女子偷偷将随身携带的安定药片用水溶化后放进马先生的啤酒杯里，待马先生睡去后，女子偷走价值 4 450 元的数码照相机、移动电话机和一套名牌西服等物，离开酒店。

防范措施

1. 提高防范意识，防止旅途中被盗。

2. 对试图与自己表示亲近的陌生人，在无法确认其真实意图的情况下，不能随意接受其提供的饮料、茶水及香烟、食物等。

3. 在看管好自己财物的同时，不能轻易让对方熟悉自己随身携带的钱财。一般情况下，作案人不会对一个没有“价值”的目标下手。

4. 对不知底细的生意人，最好安排在自己选择的场所洽谈业务，或者提前告诉家人、同事自己的具体去向、事由、时间或让家人定时与自己联系，尽量不给有歹心的人可乘之机。

旅游生活不规律　疾病最易找上门

隐患与后果

去外地旅游，往往生活不规律，而且环境与平时的生活环境有很大差异，加之卫生、身体状况等方面的问题，发病的机会很多，特别是儿童、老人以及体弱者，如果救治不及时，很容易耽误病情，严重时会导致病发身亡。

防范措施

一定要做好充分的准备，随身备好常用药物。下面介绍几种旅途中易得的疾病以及急救措施：

1. 晕倒昏厥。体弱者或者心脏病人如果过于疲劳或极度紧张都会引起昏厥。一旦发生这种情况，应该让患者躺下平卧，头部偏向一侧并稍放低，然后解开领口、衣服，使其呼吸畅通。可以采取人工呼吸和心脏按摩的方法进行急救，也可以用指甲掐或用针刺其人中、涌泉、少商等穴位，促使其苏醒。若有心脏病史，可口服硝酸甘油、麝香保心丸。

2. 关节扭伤。这是旅游中最易发生的伤害。关节扭伤后，切忌立即搓揉按摩，也不要用热毛巾敷。应该用冷水或冰块冷敷 15 分钟，外擦松节油或涂三七粉、云南白药，或用活血、散淤、消肿的中草药如蒲公英、马齿苋捣烂外敷包扎。

3. 胆绞痛。旅途中如果饮食不正常，可能会诱发胆囊炎与胆石症。发病后应迅速用热水袋在患处热敷，也可服用解痉镇痛剂，或用食指压迫刺激足三里穴位，以缓解疼痛。

4. 食物中毒。旅游中食物卫生很难保障，如果吃了含有细菌或有毒物质的食物，可能会引起发烧、恶心、呕吐、腹痛、腹泻等病症。如果病情严重，应立即设法送附近医院治疗。如果病情一般，应让病人卧床休息，大量喝水。腹痛时可用热水袋敷腹部，病情好转后可吃一点流食。

5. 中暑。夏天外出旅游，在烈日中活动，老人和体弱者容易中暑。发生这种情况后，应将其抬到阴凉通风处躺下，松解衣扣，用冷水或冰水敷在头部降温。适当喝一点凉茶、冷盐水，服用人丹、解暑片等药物。在病人太阳穴上擦些清凉油、风油精。

以上应急措施如果仍然不能使疾病缓解，应立即送至医院或就近找医生诊断治疗。

住店切莫贪便宜　染上性病患无穷

隐患与后果

外出旅游时，住宿是一项不小的开支，因此，很多人为了节省旅游费用，往往选择一些便宜的旅馆。殊不知，这些看似便宜的旅馆，实际上可能让你得不偿失。这些旅馆由于便宜，环境也相对较差，尤其是被褥、床单、生活用具等并不经常更换，往往上一任旅客离开后下一任旅客接着用。这样一来，上面的细菌可想而知，一旦前任旅客患有皮肤病等传染性疾病，很有可能传染给你，如果传染上一些难以启齿、难以治疗的性病，后果将更为可怕。因此，外出住宿时，除了要考虑价格外，还要提防由于住宿环境不洁而带来的疾病。

防范措施

入住旅馆后采取必要的保护措施非常必要，主要有以下几点：

1. 入住后首先查看枕套、被套、床单等，如上面有毛发、阴毛、精斑等未清洗的痕迹，必须请服务员立即更换。亦可自带被套，和衣而睡。

2. 使用坐式马桶时，应避免接触马桶垫圈。方便后要用肥皂、流动水清洗双手，除去可能粘附在手指上的病原体。

3. 房门钥匙要用肥皂、自来水冲洗几遍，最好用沸水烫过。

4. 洗澡应选择淋浴，切忌在浴缸中浸泡，毛巾要自备。

5. 旅游回家后，内、外衣服均要清洗、暴晒，最好用热水烫或煮沸 10 分钟，以杀灭可能粘附的病原体。

出门的住行防范　谨记可保安全

隐患与后果

出门在外住宿很重要，尤其是长假旅游，由于旅途劳累，到站后，最想做的一件事就是找家旅馆美美地睡一觉。可是，如果此时疏忽大意，只求速战速决，到了目的地，你可能会发现一切都不中意，住在这样的旅馆里存在着安全隐患，轻者休息不好，丢失财物，破坏心情，重者可能会危及人身安全。

防范措施

1. 外出旅游到了临时留宿地，可先用短暂的时间对周围环境、人和物进行一个大致的了解，明白自己所处的位置、方向，看清安全通道、防火、防盗、防毒等设施，熟悉防漏电、停电、有害气体泄漏的各种措施。对在车站、码头介绍住宿的“拉客妹”、“拉客仔”，一律不予理睬。

2. 若是自助游，则要注意宿营地的环境，以近水、背风、避险、平整为原则，同时要仔细观察营地周围是否有野兽的足迹、粪便和巢穴，不要建在多蛇多鼠地段，以防伤人或损坏装备设施。要有驱蚊、虫、蝎药品和防护措施。在营地周围撒些草木灰，会非常有效地防止蛇、蝎、毒虫的侵扰。

3. 办好住宿手续后，如有贵重物品而又携带不便，可交到服务台办理保管手续（一般星级宾馆都有这项服务）。万一发生失窃，尽快通知服务台。不要在酒店房间内使用电炉、电饭煲、电熨斗等，也不要躺在床上吸烟，以免引起火灾。

旅游景点黑车多　擦亮眼睛莫乘坐

隐患与后果

外出旅游的游客一定要注意，千万不要上“黑车”、“黑导游”、“黑马”的当。以下两种情况最容易上“黑”的当：

一是异地旅游的自助游客，由于不熟悉旅游线路，不了解当地的情况，无法分辨哪些是“黑车”、“黑导”。以北京为例，在北京前门地区、北京火车站、西客站、西直门长途站等旅客集散地，以及各大公园景区，如天坛、故宫等游客集中的地方，每天都有许多人站在各个交通路口向来往旅客发放介绍“一日游”的小名片。这些小名片，多是打着×××旅行社、×××旅游公司、×××旅游汽车公司的旗号，冒充正规的旅游企业。其实这些人是“黑票提”，即专为“黑车”招揽游客，并从中提取佣金的人。由于小名片多是彩色印刷，制作精美，再加上“黑票提”的花言巧语，游客很容易上当受骗。事实上，大部分正规的旅游企业从不以散发小名片这种方式招揽游客。另外，还有一些旅馆在前厅服务台设立“一日游”的牌子，并向住宿客人兜售“一日游”旅游票，为“黑车”招揽游客，而“黑车”则向旅馆提供高额回报。

如果“黑车”真的能够把游客带到游览地也就罢了，事实上，“黑车”、“黑导游”往往利用游客对景点不熟悉这一情况，选择一些不收门票或票价较低的景点，沿途还会将游客带进他们的关系商店或饭店挣足利润。

某日，有一群外地来京的游客准备去八达岭和十三陵的定陵，却被“黑导游”忽悠上了一辆“黑车”。到了目的地，大家才发现他们游览的不过是八达岭旁的××长城，参观的陵墓是十三陵中一个未曾发掘的小陵墓。而所谓的十三陵水库景点，也只是“黑车”拉着游客到十三陵水库大坝上看了几眼，这就算是游览过十三陵水库了。

这种欺骗游客的伎俩，对于对北京景区不太熟悉的游客来说，当然很难分辨。即使有游客识破了“黑车”坑人的把戏，慑于“黑导游”的淫威，已交纳了一日游的票费，也只好忍气吞声，自认倒霉了。

除了改变旅游路线，“黑车”坑人的另一招是开始许诺超低价，中途强收高价。

从外地来京的某女士在去八达岭长城的路上遇到了“黑车”，“黑车”司机告诉她，只需10元就可以把她带到八达岭，谁知在高速公路收费站上司机却要她另交100元，该女士拒绝付钱后，司机将其赶下了车。无奈，她只好原路返回坐上正规巴士重新前往八达岭。

二是游人扎堆的景点，也极易上“黑车”的当。以香山为例，每年到了赏红叶的时候，香山都是人满为患，于是会有人主动提出开车或骑马带你抄便道上山。游客上钩之后，“黑导游”便会三拐两拐地绕路，然后找一处僻静地方，开始诈财。这时可能就不是他们之前开出的那三四十元带路费了。更危险的是，这些人带你走的一般是消防通道，两边都是悬崖，假如遇到交通事故，可能就是车毁人亡。

此外，要提防“黑车”司机见财起恶意。

北京市曾发生一起“黑车”司机见财起意杀人案。被害者陈先生在朝阳一百货商场附近租乘了王新驾驶的非法运营轿车。途中，见陈先生随身携带笔记本电脑等物，王新心生歹意。车行至偏僻处时，他持尖刀威胁陈先生，并用刀扎伤了陈先生的左小腿。随后，王新用铁丝捆绑住陈先生的手脚，抢得陈先生随身携带的现金、笔记本电脑、移动电话等款物共计价值9 000余元。之后，王新又在ATM机上取走陈先生银行卡内的4 050元。当日10时许，因陈先生反抗，王新掐住陈的颈部，致其死亡。

“黑车”主要活动的地点有：

1. 机场。

2. 火车站、客运中心站。这些“黑车”很好认，别的出租车都需要排队等客人，但是在这两个地方，你会发现有些“黑车”占据最好的位置，而且不排队。

3. 旅游景点。

防范措施

避免乘坐旅游“黑车”的几个方法：

1. 从车型和发车地点辨认“黑车”。正规巴士旅游公司使用的车辆均为金龙客车，按承载人数的不同分为大、中、小三种，车身为白色，两侧印有红色的“巴士旅游”字样，有专门的发车地点，有统一着装的工作人员服务。而“黑车”车型混乱，发车地点也零散分布在城区各地。

2. 仔细辨认公交车站的假旅游站牌。许多黑车在公交车站私设假站牌，虽然与真站牌极为相似，但它留的联系电话多为手机或小灵通号码。而正规巴士旅游公司则只在专门的站点设立站牌，业务联系电话都是固定电话。

3. 不要被花言巧语蒙蔽。“黑车”司机或“黑导游”往往声称自己是正规国营旅游公司，价格较低廉，并承诺吃、行、门票全包，提供免费住地接送等服务。但巴士旅游公司则只收取往返车费，门票自行购买，并且未开通住地接送业务。

4. 一旦上了“黑车”的当又该怎么办呢？游客可以记下车号，拨打96310城管热线进行举报投诉。由于“黑车”、“黑导游”的流动性大，查处困难，受骗游客最好能够在现场向城管举报投诉，这样可以方便城管部门取证查处。

旅游途中莫探险　盲目自信灾难来

隐患与后果

外出游玩或旅游时，很多人都喜欢探险，擅自去一些还未开发或开发不完全，尚未开放的区域，如荒山、未开发的原始森林、沙漠腹地，等等。多数人在遇险前都认为不会出问题，事实上，这些地方有许多危险地带未准备防护措施，旅游者不熟悉地形，很容易陷入其中。此外，因为这些地方还没有开发，所以一旦出现危险，外界很难发现。

2009年6月13日，5名游客攀爬位于怀柔区雁栖镇西栅子村五队西南角山顶箭扣野长城时遭遇雷击，其中一对夫妇当场身亡，另3人受惊过度，被困野长城上。事发后，当地村民配合区政府等多部门上山将3位被困者救出。据悉，在前往箭扣野长城的路边，可见“未开发长城，禁止攀爬”字样的告示牌。虽然在箭扣长城进山路口设有售票处，但此门票仅仅是观光园区的门票，长城是禁止攀登的。

还有一些游客明知故犯，例如，在森林中有些区域是野生动物出没频繁的地方，相关部门或团体再三告诫游客不要越界，但总有游客不听劝阻，最终酿成大祸。其中在野生动物园中被动物所伤，在海滨场所被鲨鱼所伤，多是因为这个原因。

不可否认，旅游本身就有猎奇的成分，不过要在保证人身安全的前提下才行。

防范措施

1. 即使去探险，一定要请当地导游或当地人带领，不可擅自前往。

2. 探险时，一定要带好充足的装备，以防意外发生。

野外出游刺激大　危险时刻伴身边

隐患与后果

人们喜欢到野外去旅游，可是，野外存在着许多不可预料的危险，一旦出现意外，如不及时治疗抢救，后果不堪设想。野外旅游可能出现的危险有以下几种：

1. 接触性皮炎斑疹。当接触某些物质而致皮肤出现奇痒、红肿时，要赶快离开引起过敏的物质，并用水清洗患部，马上更换衣服。红肿厉害时，可以涂肾上腺皮质激素软膏。

2. 晕车。晕车时调换到晃动轻微的位置，打开窗户呼吸新鲜空气，解开衣服，想吐时以吐出为好。晕车的人有相当一部分是因心理因素引起的，所以要尽量分散晕车者的注意力，必要时也可以服用药物来防止。

3. 被小动物咬伤。被咬后应迅速用净水涂肥皂把伤口冲洗干净，包上纱布。如被狗咬伤的伤口，容易化脓，必须进行彻底的伤口处理，及时注射疫苗。鹦鹉的排泄物会引起感染，出现持续的淋巴肿、发烧等症状，故应去医院治疗。

4. 被毛虫刺伤。被带有毒腺的毛虫刺伤后，伤部会迅速红肿，并有痛感。可用手挤出毒汁，并用肥皂、自来水擦洗干净。

5. 误食有毒食物。以手指挖喉咙促使自己反射性呕吐，迅速吐出毒物，并尽快送医院灌洗肠胃。

6. 蜂刺。被蜂蜇后，首先把毒刺拔出，用手挤出毒液，然后涂上氨水和抗组织软膏。如果被刺后出现恶心、抽搐等症状是危险预兆，要赶快上医院。若被刺后 20 分钟以内无异常反应，一般来说问题不大。

防范措施

1. 出发前每人应检查自己的身体健康状况，如脉搏、体温等；

2. 时刻关注自己的脸色和表情等，如脸色不好，眼睛充血，打嗝过多，要马上向带队者报告；要注意过于沉闷和过于兴奋等精神方面的变化情况；

3. 尽量保证饮食有规律，并注意饮食卫生，不随便吃平时不常吃的东西；

4. 要保证睡眠充足，注意体温变化、姿势正确等；

5. 排便最好在早饭后进行；

6. 注意个人卫生，如不能洗澡，也要争取擦身换衣。

乘船游玩需谨慎　水上事故命难保

隐患与后果

乘船出游，或者进行水上漂流、游览等项目，在旅游旺季非常受欢迎。然而，因此带来的船只超载问题也越来越难以控制，而船舶超载是水上交通安全事故的重要原因之一。另外，船体相撞、失火、下沉、遭遇暴风等事故也时有发生。

在唐山迁安的桃花节上曾上演了一场生死大营救。4 名前来参加桃花节的游客乘船在娄子山水库游玩时，意外翻船落入深约 15 米的水中。经附近村民奋力抢救，未出现人员伤亡。

2008 年 4 月 9 日，贵阳市的王先生与其单位的同事一行 20 人到贵定金海雪山景区游玩，均购票进入景区，由于该景区的旅游公司管理混乱，分不清哪些是该公司的船舶哪些是非法船舶。乘船时船主也没有告诉王先生等人注意事项，也未提供救生安全设施。结果，王先生与同事在游玩过程中发生翻船事故，由于没有专业救生人员抢救，王先生最终溺水身亡。

防范措施

1. 做好乘船出游前的准备工作：

（1）不管水性好坏，游客在出发前最好在行囊中预备一个便携式气枕或者充气式救生圈，携带儿童出游时更要准备。

（2）上船的第一件事就是留意观察救生设备的位置和紧急逃生路径。发现船上出现超载要保持警惕，尤其是船体剧烈颠簸时，要高度戒备，换上轻装，将重要财物随身携带。

2. 当船只遇险后通常会出现两种情况：船只下沉或起火。下面就这两种情况介绍一些逃生的方法。

游船下沉逃生步骤：

（1）船艇撞到礁石、浮木或其他船只，都可能导致船体洞穿，但是并不一定马上下沉，也许根本不会下沉，应该来得及穿上救生衣，发出求救信号。此时手机、信号弹和燃烧的衣物都可以发出求救信号。

（2）除非是别无他法，否则不要弃船。一旦决定弃船，一定要在工作人员的指挥下行动，先让妇女儿童登上救生筏或者穿上救生衣，按顺序离开事故船只。注意此时不要拥抢救生衣或抢登救生筏，混乱只能浪费逃生的时间。

（3）如果来不及登上救生筏或者救生筏不够用，不得不跳下水里，应迎着风向跳，以免下水后遭飘来的漂浮物撞击。跳时双臂交叠在胸前，压住救生衣。双手捂住口鼻，以防跳下时进水。眼睛要望着前方，双腿并拢伸直，脚先下水。不要向下望，否则身体会向前扑摔进水里，容易使人受伤。如果跳的方法正确，并深吸一口气，救生衣会使人在几秒之内浮出水面，如果救生衣上有防溅兜帽，应该解开套在头上。

（4）跳水一定要远离船边，跳船的正确位置应该是船尾，并尽可能地跳远，不然船下沉时涡流会把人吸进船底。

（5）跳进水中要保持镇定，既要防止被水上漂浮物撞伤，又不要离出事船只太远。如果事故船在海中遇险，请耐心等待救援，看到救援船只挥动手臂示意自己的位置。在江河湖泊中遇险，相对来说比较容易游上岸边，这时一定要尝试。如果水速很疾，不要直接朝岸边游去，而应该顺着水流游向下游岸边，如果河流弯曲，应游向内湾，那里较浅并且水流速度较慢。请在那里上岸或者等待救援。

船只失火逃生步骤：

（1）若是甲板下失火，船上的人须立即撤到甲板上，关上舱门、舱盖和气窗等所有的空气口，阻止空气进入，然后在甲板上或者其他容易撤退的地方进行扑救，如果无法迅速灭火，应该撤离火场，甚至弃船。

（2）一旦发现火势无法控制，抓紧时间寻找救生设备，从船尾跳到水中或者撤到救生筏上，弃船后要尽快远离出事船只。

（3）弃船后，不要过度惊慌，那样会导致丧命，均匀的深呼吸有助于保持镇静，游泳或者踩水时，动作要均匀舒缓。

3. 特别提醒其他的注意事项：

（1）危机时刻人能想起的任何一个电话都可能有帮助，不管是 110、120、119 还是 SOS 或者家人的电话都可以拨打。打电话时尽量保持冷静，告诉对方自己的位置和出现的险情。

（2）一旦出现险情，万不可盲目乱窜，不管情况多么紧急，都要听从指挥，保持船体平衡，如此才能延缓下沉速度，争取更多的救护时间。

（3）万一掉进水里或者跳到水里，要屏气并捏着鼻子，避免呛水，因为人一旦呛水将失去方向感并变得更为惊惶疲惫。在放松身体的同时试一试能否站起来，因为很多河流并不是很深。

（4）为了节省体力，一般落入水中要脱掉沉重的鞋子，扔掉口袋里沉重的东西，不要贪恋财物，不要有侥幸心理。划水时为节约体力，要缓慢而有规律，如离开沉船，慢慢迎着风向将其避开，同时要远离油料和废物。

（5）如果在船上不慎落水，除保持身体悬浮于水面外，最重要的就是引人注意，寻求救援和呼救，拍击水面发出声音是行之有效的办法。在水中，用一只手臂挥舞（不能两手，否则会沉入水底），加大动作幅度更能引人注意。如果穿着救生衣（或在救生艇上），可能备有警哨和灯光装置，能规则地发出海上求救信号。

（6）如果手边没有救生衣，可用裤子制作一个简易的漂浮口袋。绑紧裤腿，拽住裤腰两端在水面抖动，使裤管充满空气，套在腰上可暂时使人保持漂浮。

（7）游客在进行所有努力自救的同时，最关键的是要有坚强的意志和克服困难的决心。顽强的意志加上求生的本能一定能提高存活的几率。

第十章

面对自然灾害——首先要冷静

本章主要讲述自然灾害带来的意外伤害，虽然我们无法控制自然灾害的发生，但是我们可以防范自然灾害所带来的危害，如雷电天气防雷击，雷雨天小心防盗门变成导电门，地震时如何自救，等等。

地震危害大　如此面对它

隐患与后果

地震是人类一直面临的自然灾害之一，轻微的地震一般不会对建筑物造成危害，但可能会对人的心理造成不良影响，如恐惧等。如果烈度达到7度、震级达到5级，会使生态环境遭受破坏，如建筑物倒塌、地面塌陷、地裂缝，同时还会导致其他灾难，如火灾、停电等。人类生命财产安全会受到严重危害，1976年发生的唐山大地震和2008年的汶川大地震就是非常典型的例子。

唐山大地震是20世纪十大自然灾害之一。1976年7月28日凌晨3时42分53.8秒，在河北省唐山市发生7.8级强烈地震，震中烈度高达6度。同日18时45分，又在距唐山40余公里的滦县商家林发生7.1级地震，震中烈度为4度。唐山大地震发生在工业城市，人口稠密，损失严重。总共死亡24万2千多人，重伤16万4千多人。这两个数字是唐山、天津、北京地区在那次地震中死伤人数的累计。

2008年5月12日14时28分04秒，在四川省汶川映秀镇发生8级强烈地震，大地颤抖，山河移位，满目疮痍，生离死别……这是新中国成立以来破坏性最强、波及范围最大的一次地震。

防范措施

1. 随着现代科技的发展，许多地震都可以预先测知，处于震区的居民，如果接到地震预警，应做好自我保护措施。

2. 如何准备才能应付可能发生的地震呢？专家建议：

（1）当发生地震时要保持冷静，这是非常关键的一点，惊慌失措可能会导致不必要的伤亡。例如，在地震中有些人员伤亡就是因为当事人过于紧张，在没有弄清形势的情况下跳楼造成的。

（2）接到地震预警后，把家中高处的危险尖锐物品移开。准备一盏安全照明灯。

（3）睡觉的位置四周不要放置危险物品。

（4）为每个家人准备一个轻便型背包，里面放置一些必需品如矿泉水、干粮、手电筒等。

（5）若是家里有病人或老人，要把他们常吃的药也准备一份放进背包。

（6）将重要证件文书的正本或影印本放进背包。

（7）购买急救专用药箱，以备地震时带走。

（8）一旦发生地震，等平息之后，马上关掉煤气开关。

（9）只能用手电筒照明，或摸黑前进，绝对不可以使用打火机或蜡烛，以免引燃煤气发生爆炸。

（10）为了防止落石或倒塌，可带着枕头出门，放在头上，避免外伤。

3. 地震发生时的紧急避险措施。

破坏性地震突然发生时，采取就近躲避，震后迅速撤离的方法是应急避险的好办法。当然，如果身处平房或楼房一层，能直接跑到室外安全地点也是可行的。切记不可在地震瞬间夺路而逃。

（1）如果在室内，应就近躲到坚实的家具下，如写字台、结实的床、农村土炕的炕沿下，教室的课桌下，也可躲到墙角或管道多、整体性好的小跨度卫生间或厨房等处。注意不要躲到外墙窗下、电梯间，更不要跳楼，这些都是十分危险的。

(2) 如果在影剧院、体育场或饭店等公共场所，要迅速抱头卧在座位下面，也可在舞台或乐池下躲避。门口的观众可迅速跑出门外或体育场。

(3) 如果在室外，要尽量远离狭窄街道、高大建筑物、高烟囱、变压器、玻璃幕墙建筑、高架桥和存有危险品、易燃品的场院所。地震停止后，为防止余震伤人，不要轻易跑回未倒塌的建筑物内。

(4) 如果在百货商场，应就近躲藏在柱子或大型商品旁，但要尽量避开玻璃柜。在楼上时，要看准机会逐步向底层转移。

(5) 如果你在工厂的车间里，应就近蹲在大型机床和设备旁边，但要注意离开电源、气源、火源等危险地点。

(6) 如果在行驶的汽车、电车或火车内，应抓牢扶手，以免摔伤、碰伤，同时要注意行李掉下来伤人。座位朝行李方向的人，可用胳膊靠在前排椅子上护住头面部；背向行李方向的人可用双手护住后脑，并抬膝护腹，紧缩身体。地震后，迅速下车向开阔地转移。

(7) 无论在何处躲避，都要尽量用棉被、枕头、书包或其他软物体保护头部。如果正在使用明火，应迅速把明火灭掉。当遇到燃气泄漏时，可用湿毛巾或湿衣服捂住口、鼻。不可使用明火，不要开关电器，注意防止金属物体之间的撞击。当遇到火灾时，要趴在地上，用湿毛巾捂住口、鼻，逆风匍匐转移到安全地带。当遇到有毒气体泄漏时，要用湿毛巾捂住口、鼻，按逆风方向跑到上风地带。

4. 地震后的自救与互救措施。

自救和互救是大地震发生后最先开始的基本救助形式。地震时被压埋的人员绝大多数是靠自救和互救而存活的。大地震中被倒塌建筑物压埋的人，只要神志清醒，身体没有重大创伤，都应该坚定获救的信心，妥善保护好自己，积极实施自救。

(1) 要尽量用湿毛巾、衣物或其他布料捂住口、鼻和头部，防止灰尘呛闷发生窒息，也可以避免建筑物进一步倒塌造成的伤害。

(2) 尽量活动手、脚，清除脸上的灰土和压在身上的物件。

(3) 用周围可以挪动的物品支撑身体上方的重物，避免进一步塌落，扩大活动空间，保持足够的空气。

(4) 几个人同时被压埋时，要互相鼓励，共同计划，团结配合，必要时采取脱险行动。寻找和开辟通道，设法逃离险境，朝着有光亮更安全宽敞的地方移动。如果一时无法脱险，要尽量节省气力。如能找到代用品和水，要计划节约使用，尽量延长生存时间等待获救。保存体力，不要盲目大声呼救。在周围十分安静，或听到上面（外面）有人活动时，用砖、铁管等物敲打墙壁，向外界传递消息。当确定不远处有人时，再呼救。

值得提醒的是，在地震多发区的居民，要时刻具有防范意识。虽然大部分地震可以提前预警，政府的预防和急救措施也越来越完善，但是地震的威力仍然不可小视，以日本为例，该国的科技水平和危机预警机制在世界上都排在前列，但是近几年发生的大地震依然有不少人员伤亡。

洪灾爆发　防洪水侵袭

隐患与后果

一个地区短期内连降暴雨，河水会猛烈上涨，漫过堤坝，淹没农田、村庄，冲毁道路、桥梁、房屋，这就是洪水灾害。严重的水灾通常发生在江河湖泊沿岸及低洼地区，如果预防及时，灾区居民会及时转移，但是有些洪灾来势凶猛，可能来不及预先准备。

2008 年 6 月 6 日起，中国南方地区连续出现大范围的强降雨过程，部分地区发生严重暴雨洪涝灾害。截至 16 日，灾害已经造成浙江、安徽、江西、湖北、湖南、广东、广西、贵州、云南等 9 个省（自治区）不同程度受到灾害影响，因灾死亡 63 人，失踪 13 人，因灾直接经济损失 144.5 亿元。

2009 年 7 月 14 至 17 日，四川省成都、德阳、绵阳、广元、阿坝地区普降大到暴雨，部分地区发生严重洪涝、山体滑坡和泥石流等灾害，造成 20 多人死亡，多人失踪，188 万人受灾。

防范措施

遭遇洪水的袭击时，学会自救非常重要：

1. 受到洪水威胁，如果时间充裕，应按照预定路线，有组织地向山坡、高地等处转移。在措手不及，已经受到洪水包围的情况下，要尽可能利用船只、木排、门板、木床等，做水上转移。

2. 洪水袭来时，如果来不及转移，也不必惊慌，可向高处（如结实的楼房顶、大树上、高墙上）转移，做暂时避险，等候救援人员营救。不要单身游水转移。

3. 为防止洪水涌入屋内，首先要堵住大门下面的所有空隙。最好在门槛外侧放上沙袋，沙袋可用麻袋、草袋或布袋、塑料袋，里面塞满沙子、泥土、碎石。如果预料洪水还会上涨，那么底层窗槛外也要堆上沙袋。

4. 如果洪水不断上涨，应在楼上储备一些食物、饮用水、保暖衣物以及烧开水的用具。

5. 如果水灾严重，水位不断上涨，就必须自制木筏逃生。任何入水能浮的东西，如床板、箱子及木柜、门板等，都可用来制作木筏。如果一时找不到绳子，可用床单、被单等撕开来代替。

6. 在爬上木筏之前，一定要试试木筏能否漂浮，要在木筏上备有食品、发信号用具（如哨子、手电筒、旗帜、鲜艳的床单）、划桨等物品。在离开房屋漂浮之前，要吃些含较多热量的食物，如巧克力、糖、甜糕点等，并喝些热饮料，以增强体力。

7. 在离开家门之前，要把煤气阀、电源总开关等关掉，时间允许的话，将贵重物品用毛毯卷好，收藏在楼上的柜子里。出门时最好把房门关好，以免家产随水漂流掉。

8. 在山区，如果连降大雨，很容易暴发山洪。遇到这种情况，应该注意避免渡河，以防止被山洪冲走，还要注意防止山体滑坡、滚石、泥石流的伤害。

9. 发现高压线铁塔倾倒、电线低垂或断折，要远离避险，不可触摸或接近，防止触电。

10. 洪水过后，要服用预防流行病的药物，做好卫生防疫工作，避免发生传染病。

特殊天气　提防火魔

隐患与后果

雷电、暴雨、暴风、高温等异常天气，也为安全埋下了隐患。一些私宅由于缺乏防雷措施而隐患重重，雷击事故频频发生。暴风天气容易刮断电线电缆，高温干燥易产生静电，暴雨频频，电气设备容易受潮漏电……这些季节性的自然灾害，都大大增加了家居生活中火灾发生的几率。

郑州市曾在临近春节的一天内发生了8起火灾，起火地点多是民房、草坪、建筑工地、洗浴中心等。消防官兵介绍，线路老化、小孩玩火、工地违规操作，加上天气干燥，是火灾频发的主要原因。

防范措施

1. 特殊天气尽量少用家用电器。这种天气下电压以及电器本身的稳定性可能发生异常，致使电器被毁，引发火灾。为了防止火灾的发生，家用电器应摆放在防潮、防晒、通风处，周围不要存放易燃、易爆物品，各种插座应远离火源。

2. 遇到雷电、暴雨、暴风天气要关好门窗，防止家中可燃物被雷电击中，同时防止球形闪电“闯”入家中，这是一种不常见的闪电，能量极高，如果进入家中，它不会很快消失，而是会持续滚动一段时间，引发火灾。

3. 家用易燃易爆物品要妥善放置。特殊天气可能会停电，使用蜡烛等明火时要小心不要引燃危险物品引起火灾。

4. 液化气灶具要注重平时的保养，一旦发生管道破损漏气应及时维修，因为它们极易成为特殊天气里火灾的帮凶。

5. 注意家中的老人和小孩是否有吸烟和玩火的习惯，应加强对他们的防火教育，增强他们的消防安全意识，特别是高温天气一定要禁止小孩玩火。

6. 家中的楼梯口、阳台等通道不要堆放杂物，最好不要安装各种栅栏式封闭阳台和防盗窗，以防发生火灾事故时，难以逃生。

7. 家中最好配有灭火器具如灭火器等，做到防患于未然。

雷电交加时刻　远离雷击高危区

隐患与后果

夏季来临，强对流天气增多，暴风雨中夹带着冰雹，并伴有闪电雷鸣，除了暴雨、冰雹灾害外，雷击造成人员伤亡和火灾的现象也时有发生。雷击灾害是联合国公布的10种最严重的自然灾害之一，也是目前中国10大自然灾害之一。雷电中破坏作用最大的是电流诱发的火灾。雷电与火灾好似一对恶魔，形影不离，所到之处无不酿成灾害和灾难。据有关资料，全球每分钟有800次雷击发生，雷电引发的火灾每年达5万多起，造成经济损失达10多亿美元。我国每年雷击死亡约3 000人，受伤致伤约6 000人，经济损失约70亿人民币。

2008年7月11日晚9时许，浙江省金华市白龙桥镇怡村的一家塑料企业遭雷击，致使堆放在厂房内的塑料制品燃烧，火势迅速蔓延，3辆消防车在事故不久后赶到，但因火势过大，大火造成该企业17间厂房约1 000平方米屋顶坍塌，直接损失150余万元，事故未造成人员伤亡。

据中国天气网报道，2009年6月14至15日两天的时间，中国多个地区遭雷击灾害，造成7人死亡。其中，云南富宁县雷击灾害致4人死亡，山东夏津县雷击致1人死亡，广东佛山雷击致1人死亡，河北雷击致1死2伤。

2009年7月，哈尔滨市出现连续雷雨天气。据不完全统计，哈尔滨市市区及周边地区有十余个居民小区居民楼被雷电击中，两百余户居民家电受损，多名市民受伤，有3人遭雷击死亡。

春夏之际是雷雨多发季节，在这种天气里，时常发生雷电伤人或引发火灾的事故，所以，不论是在室内还是在室外，都要做好防雷击的准备。

防范措施

1. 家庭避雷安全秘籍：

(1) 家用电视机的室外天线进入室内之前，必须接好避雷器，天线应距避雷针10米以上。

(2) 雷雨时一定要关好门窗，避免室内空气湿度过大，防止侧击雷和球形雷进入屋内。

(3) 遇有较强的雷雨时，最好拔掉电源插头，不要收看电视或收听收音机，以免家用电器被雷电毁坏。

(4) 雷电天气时，居民在家中最好不要接触煤气管道、自来水管道以及各种裸露的金属物体。

(5) 不要在雷电交加时用喷头冲凉，因为巨大的雷电会沿着水流袭击淋浴者。

2. 户外避雷安全秘籍：

雷电通常会击中户外最高的物体尖顶，所以孤立的高大树木或建筑物往往最易遭雷击，在雷电大作时，户外的人应遵守以下规则，以确保安全。

(1) 雷雨天气时不要停留在高楼平台上。

(2) 如在户外遭遇雷雨天气，应尽快到可以避身的安全地带，但应远离高大建筑物、电线、广告牌、水管等。衣服淋湿后不要靠近潮湿的墙壁。在郊外活动，打雷时不要乱跑，应两脚并拢，找一块干燥的地方蹲下，以减少暴露面积和触地的电位差。

(3) 在车内躲避时，应关好车门。

(4) 户外活动要有应急的准备，应尽量避免在山坡、牧场或海滩等地活动。野外宿营时，帐篷要搭在远离容易被雷电击中的高大建筑物或者大树下。

(5) 尽量避免在空旷的地带躲避雷雨，在户外空旷处不宜进入孤立的棚屋、岗亭等。

(6) 远离建筑物外露的水管、煤气管等金属物体及电力设备。

(7) 不宜在大树下躲避雷雨，如万不得已，则须与树干保持 3 米距离，下蹲并双腿靠拢。

(8) 如果在雷电交加时，头、颈、手处有蚂蚁爬走感，头发竖起，说明将发生雷击，应赶紧趴在地上，这样可以减少遭雷击的危险，并除掉身上佩戴的金属饰品和发卡、项链等。

(9) 如果在户外遭遇雷雨，来不及离开高大物体时，应马上找些干燥的绝缘物放在地上，并将双脚合拢坐在上面，切勿将脚放在绝缘物以外的地面上，因为水能导电。

(10) 在户外躲避雷雨时，注意不要用手撑地，应同时双手抱膝，胸口紧贴膝盖，尽量低下头，因为头部较之身体其他部位最易遭到雷击。

(11) 当在户外看见闪电几秒钟内就听见雷声时，说明正处于近雷暴的危险环境，此时应停止行走，两脚并拢并立即下蹲，不要与人拉在一起，最好使用塑料雨具、雨衣等。

(12) 在雷雨天气中，不宜在旷野中打伞，或高举羽毛球拍、高尔夫球棍、锄头等；不宜进行户外球类运动。不宜在水面和水边停留，或在河边洗衣服、钓鱼、游泳、玩耍。因为水是导体，雷电会由此击中人体。

(13) 在雷雨天气中，不宜快速开摩托车、快骑自行车和在雨中狂奔，因为身体的跨步越大，电压就越大，也越容易伤人。

(14) 如果在户外看到高压线遭雷击断裂，此时应提高警惕。因为高压线断点附近存在跨步电压，身处附近的人此时千万不要跑动，而应双脚并拢，逃离现场。

雷雨季节　打手机当心雷击

隐患与后果

现代人几乎人手一部手机，在任何时间、任何地点都能够随时与他人沟通。不过，在雷雨天气，打手机一定要格外小心，雷电可能会通过天线击中人体，特别是有外置天线的手机更危险。

河北省石家庄市一名男子在雷雨天气站在一处空旷的广场上打手机，突然一道闪电闪过，正在打电话的男子瞬间变成一团耀眼的亮光。亮光闪过之后，该男子浑身着火，像一个大火球。当目击者将遭到雷击的中年男子送入医院时，该男子全身呈现电击过的萎缩状，已经死亡。

马来西亚曾发生一起罕见的意外事故，当地一名女大学生下课后徒步返回宿舍，与两个朋友共享一把雨伞挡雨，此时其手机响起，她拿起手机接听时竟被雷电劈个正着，三人均仆倒地上，该女大学生的胸部被严重烧伤，送往医院后抢救无效死亡。至于她两个朋友则只受轻伤。

据气象专家解释，手机在开机状态下，电磁波信号很强，能在很大范围内收集引导雷电。在雷雨天气里使用手机，手机发出的电磁波遇到高空向下放射的雷电，极易引来感应雷。当用户处于空旷的高处或田间野外，又是在雷击区使用手机时，使用手机的人，甚至在他周围的人都很容易遭受雷击。

防范措施

1. 雷雨天最好不打电话、不看电视、不听广播，不使用电脑，更不要在街上用手机打电话，计算机和防盗门上最好安装避雷器。

2. 特别要注意，莫在雷雨天拨打或接听手机，手机是一部“引雷器”，一旦处于空旷地带时，人和手机极有可能成为雷电选择的对象，雷雨天最好关掉手机电源。

雷雨天小心防盗门变成导电门

隐患与后果

现在许多居民家里都流行安装防盗门，然而，在雷电交加的天气里，这种铁制或钢制的防盗门有时会因静电感应而带电，而一旦附近有落地雷发生，防盗门就变成了导电门，屋中人会因接触电压而受雷击。

北京市一位10岁的小姑娘在街上玩耍，突然天空变了样，一时间雷雨大作，小姑娘浑身被雨淋湿，急忙往家跑，当她推开自家铁门时，一下子昏倒在地。后经家人和医生的全力抢救，6小时后小姑娘才恢复了知觉，并有清醒意识。事后家长才明白，原来自家的防盗门带了电，碰巧孩子又被雨淋湿，因此，才会遭电击而晕倒。

防范措施

1. 为了把感应雷扼杀在萌芽状态，住在平房或高层建筑顶层的住户应该安装避雷器，房子大的要多装几个。

2. 雷雨天气时，在室内的市民应该尽量不要使用家用电器，如电视、电脑、电话等，最好拔掉电源和网线，以防止这些线路和设备对人造成二次放电。

3. 雷雨天气应关好门窗，以防止球雷窜入室内造成危害。不要靠近自来水管、下水道管等湿润的金属设备，不要穿潮湿衣服，不要靠近潮湿墙壁，不要使用太阳能热水器洗澡。

龙卷风危害大　做好防范少伤害

隐患与后果

龙卷风是从强流积雨云中伸向地面的一种小范围强烈旋风。龙卷风出现时，往往有一个或数个如同“象鼻子”样的漏斗状云柱从云底向下伸展，同时伴随狂风暴雨、雷电或冰雹。龙卷风经过水面，能吸水上升，形成水柱，同云相接，俗称“龙吸水”。龙卷风经过陆地，常会卷倒房屋，吹折电杆，甚至把人、畜和杂物吸卷到空中，带往他处，对人民的生命财产威胁极大。

2009 年 7 月 16 日，内蒙古自治区通辽市奈曼旗、科尔沁左翼中旗和开鲁县等地相继遭受了严重的雷雨冰雹和龙卷风灾害，使全市 6 万人、33 万亩农田受灾，绝收农田 10.5 万亩，倒塌房屋 112 间，损毁房屋 4 004 间。强风将胸径 50 厘米粗的大树连根拔起，平均胸径 20 厘米以上的树木成行成片拦腰折断。因灾死亡 1 人，灾害造成直接经济损失 1.79 亿元。

几天后，即 7 月 21 日，尼加拉瓜首都马那瓜西北 20 公里处的莱昂省发生龙卷风，灾害导致 300 多间房屋受损，其中 85 间房屋的顶棚被龙卷风卷走。灾害还使 1 人被龙卷风掀掉的自家房屋顶棚砸中，当场死亡，另有 16 人受伤，其中 4 人重伤。

防范措施

龙卷风发生的地区很广泛，常发生于夏季的雷雨天气时，尤以下午至傍晚最为多见，所以不能不防。那么，在龙卷风袭来时，怎样有效地保护自己呢?

1. 龙卷风往往来得十分迅速、突然。龙卷风的直径一般在十几米到数百米之间。生命期短，龙卷风的生存时间一般只有几分钟，最长也不超过数小时。所以在这一段时间最好不要在屋外活动。

2. 龙卷风袭来时，应打开门窗，使室内外的气压得到平衡，以避免风力掀掉屋顶，吹倒墙壁。

3. 在室内，人应该保护好头部，面向墙壁蹲下。

4. 在野外遇到龙卷风，应迅速向龙卷风前进的相反方向或者侧向移动躲避。

5. 如龙卷风已经到达眼前时，应寻找低洼地形趴下，闭上口、眼、用双手、双臂保护头部，防止被飞来物砸伤。

6. 如果是在乘坐汽车时遇到龙卷风，应下车躲避，不要留在车内。

台风、热带风暴　防范有诀窍

隐患与后果

台风多发生于夏季的沿海地区，一般生成在热带洋面上。据气象专家介绍，每年夏季，当东北风和西南风在热带海洋上交汇，就会形成一个小的漩涡，这个漩涡形成后，不断吸收热带地区海洋的大气热量，形成热带气旋。它一边吸收水蒸气，一边飞速地旋转，强度也不断加强，形成热带风暴、强热带风暴乃至台风。

2009 年 8 月 6 日，“莫拉克”台风在台湾登陆。造成台湾连下暴雨，形成山洪、泥石流等自然灾害，冲毁大量房屋，许多平民被埋，死伤无数，严重危害台湾人民的生命财产安全。“莫拉克”台风重创台湾，造成约 20 座桥梁断裂。截至 8 月 13 日，台湾官方最新统计，莫拉克台风已造成全台湾 108 人死亡、62 人失踪、45 人受伤。

事实上，这次台风只是每年世界各地发生的台风灾害中的一次。据统计，台风给人类造成的伤害全球每年平均 80 起左右，造成的损失达到上千亿美元。

热带风暴中心地区风力在 8～9 级；强热带风暴中心地区的风力在 10~11 级；台风中心地区风力则在 12 级以上。

一个中等强度的台风，它所蕴含的能量，相当于 20 颗百万吨当量的原子弹爆炸所释放的能量。如此巨大的能量，主要是通过狂风暴雨和掀起风暴潮释放出来，这就很容易引起巨大的灾害。台风中心所过之处，受到的破坏最为严重，大风引起的巨浪，经常造成海上作业船翻人亡。而它一旦登陆，可以吹倒建筑物，摧毁电讯、电力设施，拔起大树，造成人畜伤亡。台风还会促使海面潮位暴涨，引起风暴潮甚至海啸。风暴潮能造成海堤决口、海水倒灌。

中国现在有四级台风预警，分别是蓝色，黄色，橙色和红色。蓝色：24 小时内可能受台风影响，平均风力 6～7 级，居民应加固门窗、棚架，妥善安置室外物品；黄色：24 小时内可能受台风影响，平均风力 8～9 级，船只应回港避风，停止高空作业，危房中的居民立即转移；橙色：12 小时内受台风影响，平均风力为 10～11 级，进入紧急防风状态，建议中小学停课，居民切勿随意外出；红色：6 小时内会受到台风影响，平均风力为 12 级以上，进入特别紧急防风状态，建议停业、停课，相关部门应随时准备启动抢险应急方案。

除了台风，热带风暴也是危害沿海地区的一大恶魔，经常发生在沿海地区。热带风暴引起狂风、暴雨、巨浪，对沿海城市设施、出海船只和沿海地区的农业生产都具有强大的破坏力。

2008 年 5 月 2 日，缅甸遭受“纳尔吉斯”强热带风暴的袭击，灾害导致缅甸人民有 6.3 万～10 万人死亡，严重受灾人数达 120 万～190 万人。热带风暴“纳尔吉斯”以每小时 192 公里的时速袭击了缅甸，风暴引发了大规模的潮浪，潮浪袭击了内陆地区。缅甸社会福利与救济安置部长在仰光举行的一个新闻发布会上称：“潮浪比风暴本身造成更多的人员丧生情况。潮浪的高度达 3.5米，它卷走和吞没了低海拔地区一半的房子。居民们没有任何逃生的可能。”

防范措施

台风和热带风暴虽然是一种不可避免的自然灾害，但是只要有科学完善的预报系统和比较全面的预防措施，我们还是可以将其造成的损失降到最低。

1. 面对台风要积极采取以下防灾措施：

（1）在台风警报发出后，海上作业的人员应该及时离开和远离台风移动的路径，并选择最近的、不会受台风影响的安全港口躲避。

（2）从事近海养殖的渔民，在台风来临前应加固网箱结构，尽量减少损失。

（3）陆地上的人员要根据所处的环境，增强一些自我保护，如正在海边工作的，要立刻撤离，要离开危险的建筑物，撤离到一些相对安全的地方去。如果是在山区，台风产生强降雨可能会导致一些其他的灾害，要远离这些威胁。

（4）城市居民在台风来临时尽量减少外出，不要待在危险建筑内，不要靠近大树、广告牌、电线杆、高压线和高大建筑。楼房居民应将阳台上容易坠落的花盆等物品放置好，避免坠落砸伤行人。

（5）对于山区的居民来说，台风带来的大量降雨可能会使他们面临另外一个灾难，那就是泥石流，一旦泥石流发生，一定不要惊慌，切记向泥石流两侧的方向逃生。

2. 怎样减轻热带风暴对人自身的危害呢？要注意做到下面几点：

（1）注意收听有关天气预报，做好预防准备工作。

（2）房屋需要加固的部位及时加固，关好门窗。

（3）准备好食品、饮用水、照明灯具、雨具及必需的药品，预防不测。

（4）疏通泄水、排水设施，保持通畅。

（5）热带风暴到来时，要尽可能待在室内，减少外出。

（6）遇有大风雷电时，要谨慎使用电器，严防触电。

（7）密切注意周围环境，在出现洪水泛滥、山体滑坡等危及住房安全的情况时，要及时转移。

（8）风暴过后，要注意卫生防疫，减少疾病传播。

冰天雪地　防止滑倒

隐患与后果

冬天，在积雪或有冰的路面上骑车或走路很容易摔倒，如果是在车流较多的马路上摔倒或老人摔倒，都很危险，不但会伤及身体，还可能引发交通事故。

防范措施

在冬天骑车要做到以下几点，尤其是在雪地里骑车时更要注意：

1. 不要骑得太快，骑车越快则惯性越大，遇有情况若捏闸过猛，极易滑倒或撞车。

2. 车胎气不可太足，将气放至平时充气量的 2 / 3，可以防止打滑。

3. 尽量放低车座，降低重心，以使自行车骑起来更加平稳。

4. 与前面车辆保持 3 米以上距离，防止前车滑倒而绊倒自己。

5. 尽量避免急转弯，在道路许可范围内转弯半径越大越安全，尽量使自己的重心通过车轴线与地面保持垂直。

6. 不要急刹车，这样会使车轮打滑、失去平衡，可骑得慢一点，遇见情况早下车。

7. 拐弯时，一定要拐大弯，拐小弯容易使前轮侧向滑动摔倒。

8. 远离汽车。雪地不慎摔倒，常滑行一段距离，而雪地汽车制动不灵，二者容易撞上。

9. 应穿平跟鞋、软底鞋或雪地鞋，女士尤其不宜穿光底的高跟鞋或松糕鞋。

山岭地区　防范雪崩

隐患与后果

在所有高大的山岭区域，雪崩是一种严重的灾害。最常见的雪崩是聚积的雪突然滑下斜坡。当山体自身的一部分突然垮掉，导致岩石、砾石和沙的混合物一起滑下时，也可发生雪崩。当暴雨、地震或积聚的压力达到某一点（此时结构突然变得不稳定）时，也可能引发此类现象。雪崩通常有下面四种情况：

1. 松软的雪片崩落。

降在背风斜坡的雪不像山脚下的雪那样堆积紧实。在斜坡背后会形成缝隙缺口。它看起来似乎很硬实和安全，但最细微的干扰，例如高声说话、来复枪响，就能使雪片发生崩落。

2. 坚固的雪片崩落。

这种情况下的雪片有一种欺骗性的坚固表面，有时走在上面能产生隆隆的声音。它大多是由于大风和温度猛然下降造成的。爬山者和滑雪者的运动就像一个扳机，能使整个雪块或大量危险冰块崩落。

3. 空降雪崩。

在严寒干燥的环境中，持续不断新下的雪落在原有的坚固的冰面上可能会引发雪片崩落，这些粉状雪片最快会以每秒 90 米的速度下落。如果覆盖住人的口和鼻还有生存的机会，但被淹没后吸入大量雪就会引起死亡。

4. 湿雪崩。

这种雪崩在冰雪融化的时候更普遍。在冬天或春天，下雪后温度会持续快速升高，这使新的潮湿的雪层不可能很容易就吸附于密度更小的原有的冰雪上。因为它的下滑速度比空降雪崩慢，所以会在沿途带起树木和岩石，产生更大的雪砾。当它停下时，差不多马上会凝固，如果人被裹在其中，很难进行抢救。

防范措施

1. 出行前的危险预测。

如果是旅行或回家途中路过雪崩易发地带，应该通过天气预报或经验选择不易发生雪崩的时间上路。上车之前应该告诉家人或朋友你出发和到达的时间，这样如果你没有按时到达目的地，他们会及时发现。

如果你是去旅游，最好不要选择雪崩易发生的时段。假如一定要去，那么，无论是选择前进路线或是寻找营地时，必须随时确认以下四个问题：

（1）地形是否容易产生雪崩?

（2）雪层是否稳定?

（3）天气状况是否容易造成雪崩?

（4）你的决定是否合理?你是否有足够的知识做出正确决定?

只有当确定不会发生雪崩才可出行。

2. 发生雪崩后应采取的自救措施。

发生雪崩后，往往会因为道路堵塞，或者消息无法传出，受难者得不到及时外部救援，因此自救是最重要的。下面是遭遇雪崩时的自救措施：

（1）平躺，用爬行姿势在雪崩面的底部活动，丢掉包裹、雪橇、手杖或者其他累赘，覆盖住口、鼻部分以避免把雪吞下。休息时尽可能在身边造一个大的洞穴。在雪凝固前，试着到达表面。扔掉你一直不能放弃的工具箱，因为它将在你被挖出时妨碍你抽身。节省力气，当听到有人来时大声呼叫。

（2）被雪掩埋时，冷静下来，让口水流出从而判断上下方，然后奋力向上挖掘，当然是如果你还能动的话。

沙漠地带　遵循沙漠原则

隐患与后果

沙漠以其特有的魅力吸引着人们前往，它是广袤和荒凉的，也是神秘莫测的，没有人真正懂得沙漠。贸然进入沙漠或者不遵循沙漠规则，存在着致命的安全隐患。

我国著名的探险旅行家余纯顺从1988年开始孤身徒步穿越全中国的旅行、探险之举， 行程达4万多公里，足迹踏遍23个省市自治区，完成了人类首次孤身徒步川藏、青藏、新藏、滇藏、中尼公路全程。然而，1996年6月13日在即将完成徒步穿越新疆罗布泊全境的壮举时，不幸在罗布泊西遇难。

人们找到他时，并不是在原定路线上，而是在偏离原方向的地方发现的。尸检报告证实："余纯顺的死因，系在高温环境下缺水而引起急性脱水，全身衰竭而死亡。"不容置疑，正是迷路，常人难以忍耐的高温，最终导致了余纯顺的死亡。如果他能按照预定路线向前走，很快就会到达第一个放满一箱矿泉水和一箱食物的宿营地，就可以免遭厄运。

然而，造成这一厄运的根本原因不是沙漠的气候，而首先在于他自己缺乏科学性。首先，深居内陆，长期与世隔绝，加上风沙干旱，冬渗奇寒，夏蒸酷暑的恶劣气候，在5月和6月进入这里，在季节的选择上，余纯顺是错误的。其次，出发前，曾有朋友要他带一部GPS，余纯顺以没有时间学习为由拒绝了这一提议，致使他后来偏离了方向。

专家们认为能够在沙漠中生存下来，取决于3个相互依赖的因素：周围的温度、活动量及饮水的储存量。

在阳光直接照射下，即使不进行体力活动，人所消耗的水也要比阴凉下多3倍。如果人们将水的消耗降低到最低的限度，生存下来的可能性便随之增加了。专家们有一句警语："不要与沙漠对着干，而要去适应它。"有一个英国飞行员，迫降在西撒哈拉沙漠后，在11天内步行了224公里而获救，秘诀就在于"夜行晓宿"。如果在白天行走他所带的水是绝对不够的。

人们在沙漠中除了要学会保存体内水分，还要试着在表面上看来滴水不存的地方找地下水源，许多从沙漠中死里逃生的人发现，形形色色的仙人掌恰恰是天然的水库。

防范措施

1. 参加沙漠旅游切莫单独行动，请随身备足饮用水，并与骆驼建立良好的关系，骆驼是你在沙漠中最可信赖的朋友。

2. 沙漠旅游最好的季节在春秋两季，避开酷暑的夏季。

3. 沙漠春夏风沙多，需穿防风沙衣服及戴纱巾。全年昼夜温差大，夜晚要准备防寒衣物。白天阳光充足紫外线强烈，脸上可擦防晒霜，戴太阳镜、遮阳帽（帽后压一块浅色手帕防止后脖颈被晒伤）。身上最好不要擦防晒霜，否则微风扬起的沙尘会粘到皮肤上，很难清理，故身上应穿浅色长袖吸汗衣物防晒为佳。

4. 在沙漠中遇到沙暴时，千万不要到沙丘的背风坡躲避，否则有被窒息或被沙暴埋葬的危险。正确的做法是把骆驼牵到迎风坡，然后躲在骆驼的身后。沙漠中的沙子不同于沙滩上的沙子，它是极细的微尘，软风或脚步就可以使其扬起，故在使用照相机、摄像机、手机等精密工具时要注意防护，最好将这些工具放在密封袋中，以防沙粒进入损坏工具。

5. 沙漠昼夜温差大，在沙漠过夜要带足衣服和饮用水，并备上眼药水、抗菌消炎药、感冒药等常用药品，还要多吃水果。在徒步行走沙漠时宜穿轻便透气的高帮运动鞋，以免沙子进入鞋内，影响走路。在夏季中午不宜徒步，否则沙漠表面温度太高，容易中暑及晒伤皮肤。

6. 记住在沙漠中求生的六个原则：

（1）喝足水、带足水、学会找水；

（2）要“夜行晓宿”，千万不可在烈日下行动；

（3）动身前一定要通告自己的前进路线，动身与抵达的日期；

（4）前进过程中留下记号，以便救援人员寻找；

（5）学会寻找食物的方法；

（6）学会发出求救信号的各种方法。

儿童篇：让脆弱的幼苗茁壮成长

孩子是每个家庭快乐的源泉和未来的希望，但孩子也是最稚嫩、脆弱的，加之其自身没有防范意识，非常容易受到以下两个方面的伤害：一是家庭安全事故，二是被骗被拐卖。所以，孩子的安全责任就责无旁贷地落到了家长身上，尤其是孩子在儿童阶段，更是如此，否则一旦发生事故，那将是每个父母一生都无法承受之痛！因此，我们把与儿童相关的安全预防常识单独设为一篇，希望每个家庭里的幼苗都能避免伤害，茁壮成长。

第十一章

让儿童致残、致死的重大意外伤害

本章讲述导致儿童致残、致死的重大意外伤害的防范方法。据调查显示，儿童意外伤害已成为全球 14 岁以下儿童的首要死因。每年全球范围内近 100 万儿童死因为各种类型的意外伤害，如交通意外、溺水、中毒、跌落等。我国 0～14 岁儿童每年约有 5 万人因意外伤害致死，发生率是美国的 2.5 倍、韩国的 1.5 倍。同时，意外伤害所致伤残人数要远远超过死亡人数。本章总结了导致我国孩子致残、致死的重大意外伤害，并把这些杀手的真面目呈现给大家，希望父母们能从这些让人心碎的教训中汲取经验，给孩子一个安全、快乐的童年。

溺水　儿童致死的头号杀手

隐患与后果

小孩子都喜欢玩水，尤其是在炎热的夏季。小孩子玩水的机会增多，危险性也就增大。每天全国各地都有儿童溺水身亡的报道。据统计，在每年 5 万多因意外死亡的 0～14 岁儿童中，其中溺水身亡儿童近 6 成。

2008 年中秋节，广州增城市中新镇莲塘村三个小孩相约外出玩耍，直至傍晚吃饭时间仍然未归。家人在一水塘边发现了孩子的衣服，跳下水塘寻找，由于水塘太深没有任何结果，于是报警。经过水警、武警、海军等搜救五六个小时，3名在水塘游泳遇溺的小孩终被打捞上岸，但孩子们早已死亡。据村民介绍，该水塘原来是一个很浅的鱼塘，后来由于挖沙导致鱼塘变深，渔民不敢养鱼，慢慢变成一个无人看管的深水塘。

早在2004年，8名菲律宾儿童在参加一个国际少年团体大会时，偷偷跑到距离菲律宾圣华金市50公里的班尼湾游泳，在没有任何防护措施的情况下，他们被涨潮后的海水困在了深水区，只有一名儿童坚持下来，其余7人不幸身亡。这8名儿童年龄在12~14岁之间。

防范措施

1. 儿童意外溺水预防要注意以下几点：

（1）孩子在水边和水中时，大人要时刻注意看管，包括水池、温水池、澡盆、水桶附近。不要离开孩子，因为当大人去接电话，或与别人聊天时，危险就有可能发生。即使有救生员，家长也要严密注视孩子。

（2）不要让孩子独自去水池或泳池游泳，如果孩子坚持去，一定要有成人陪同，并带好救生用具。

（3）不要让孩子直接潜（跳）入水中，除非他已学会直接潜入的方法，并在成人的监护下进行。

（4）千万不要把5岁或者5岁以下的孩子单独留在浴缸中。

（5）教育孩子一定要在有防护和可游泳的水域游泳。在泳池游泳时要严格遵守游泳安全规则，看管孩子不要玩高处跳水的游戏。让孩子远离泳池排水口。

（6）当孩子在船上、海边或参加水上运动时，坚持让孩子穿上高质量的救生浮身物。

（7）孩子应该学会游泳，但是不能认为孩子已经接受过游泳训练就不会溺水了。

（8）在没有正式宣布池塘或者湖泊上的冰已经达到安全标准以前，决不能允许孩子在上面滑冰。

2. 作为家长应该掌握一些基本的溺水急救方法，以防不测。

（1）迅速脱水上岸。由于小孩在水中溺死的过程很短，所以应以最快的速度将其从河里或池塘里救上岸。若儿童是溺入深水中，抢救者宜从背部将儿童的头托起或拉住他的胸部，使其面部露出水面，然后将其拖上岸。

(2) 倾出呼吸道的积水。儿童被救上岸后，应立即倾出呼吸道内的积水，以保证其气道畅通。方法一：抢救者一腿跪地，另一腿屈起，将溺水儿童俯卧于屈起的大腿上，让孩子的头和脚下垂，然后抖动大腿或压儿童背部，使呼吸道内积水倾出。方法二：让溺水儿童俯卧于抢救者肩部，让孩子的头和脚下垂，然后来回跑动，直到倾出其呼吸道内积水。倾水的同时还必须用手清除溺水儿童的咽部、鼻腔里的泥沙和污物，保持呼吸道畅通。注意倾水的时间不宜过长，以免延误心肺复苏。

(3) 对呼吸、心跳微弱或刚停止的溺水者，迅速进行口对口 (鼻) 式的人工呼吸，并施行胸外心脏按摩。

(4) 事故现场如果具备较好的医疗条件，可对溺水者注射强心药物及吸氧。

(5) 经现场初步抢救，若溺水者呼吸心跳已经逐渐恢复正常，可让其服下热茶水或其他汤汁后静卧。仍未脱离危险的溺水者，应尽快送往医疗单位继续进行复苏处理及预防性治疗。

可怕的烫伤　肉体和灵魂上的终身疤痕

隐患与后果

目前，烫伤已成为幼儿意外事故中的首发病症，尤其以 1～3 岁最多见。而夏季又是小儿烫伤的高发季节，这时幼儿穿得少，外露部位多。烫伤带给幼儿的不仅是难以忍受的疼痛，由于幼儿生理发育不成熟，烫伤后，耐受性差，极易出现休克和败血症。更严重的是烫伤还会给患儿留下可怕的后遗症，如手指不能伸直，脚不能行走，膝肘等关节不能伸直及五官变形等，造成孩子终生的身心障碍。91%的烧烫伤来自于开水、热水、热汤和热粥，98%的烧烫伤案例均发生在家中。

烫伤的主要情形有以下三种：

1. 洗澡时被烫伤。

2. 厨房中容易出现烫伤。

一个出生才 4 个月的婴儿，妈妈一边做饭一边看着他，谁知做饭的时候竟被滚烫的米汤烫到了，孩子疼得哇哇直叫。后来经医生检查发现，孩子的烫伤面积达到 40%，属于特重度烫伤。

3. 热的容器放置不当引起烫伤，如热水瓶、热茶壶、热汤锅等。

烫伤主要部位是面、颈、胸、手、足等，而且通常是3岁以下被烫伤的比较常见，其中9个月以前的小儿被烫伤的居少，而9个月到两三岁的居多。

防范措施

1. 预防孩子烫伤的几项措施：

（1）给宝宝洗澡时，应在浴盆中先放冷水，再放入热水，并用手先试一下温度是否适宜，再将宝宝放入浴盆中。

（2）不要将热水瓶、电饭锅、火锅、热茶壶和水杯放在孩子能拿到的地方，也不要在热容器的台面上放台布，因为会走路的宝宝喜欢拉扯台布，容易将热液从头顶泼下，造成烫伤。

（3）地面上要保持干净，不要乱拉电线、堆放杂物等，防止宝宝被绊倒碰翻热壶、热锅等。

（4）不要单独留宝宝在屋内。

（5）大人在家端热汤或热水时，要大声告诉小孩不要靠近，以免撞翻。

（6）给宝宝喝开水、热牛奶时，待温度适宜后再喝。

2. 孩子烫伤后的紧急救护：

（1）烫伤后应立即把烫伤部位浸入洁净的冷水中。烫伤后愈早用冷水浸泡，效果愈佳。水温越低效果越好，但不能低于−6℃。用冷水浸泡时间一般应持续半个小时以上，这样经及时散热可减轻疼痛或烫伤程度。

（2）隔着衣服烫伤时，隔着衣服冷敷，边冷敷边用剪刀剪开衣服。如果衣服和皮肤粘在一起时，先将未粘着的衣裤剪去，粘着的部位不可用力拉脱，以免加重局部的创伤面积，留待去医院处理。

（3）如果烫伤的是脸或额头等不能用凉水冲的地方，多准备几条毛巾，轮流用冷水弄湿后敷在伤处。

（4）冷敷后只留下一点红印时，用洁净的纱布包好即可。不要在冲洗后的创面上自涂一些药物和食品，如酱油、面酱、香油、小苏打等，这些做法会污染创面，造成感染。也不要在创面上涂紫药水或红汞，这样做不但起不到作用，还会遮盖创面，为诊断带来麻烦，而且较大面积涂红汞会引起汞中毒。

（5）如果伤面上出现了水疱，决不要自行将水疱弄破，以免造成感染。

较大的水疱或水疱已破，应到医院消毒处理。

(6) 烫伤面积在5%以上的严重烫伤小儿，在送往医院途中应取平卧位，不要直立抱着，可以给患儿喝些淡盐水，防止脱水。

(7) 烫伤面积过大时，宝宝体温会下降。冲水后，应用毛毯包裹，并在患处敷上冷毛巾或冰袋。此外，不要涂任何药物，只需保持患部清洁，以免送医院后为清洗药物而耽误时间。

高处坠落　轻受伤、重残亡

隐患与后果

随着高层楼房逐年增多，而多数阳台、门窗、楼梯缺乏保护装置，使得儿童坠落事故有增多趋势。小孩好奇心强，喜欢爬高，有的父母没有防护意识，常常让其独自玩耍，还有的父母外出将小孩反锁房中，孩子出于恐惧由阳台或窗口翻出造成坠落，引起生命危险。

引起幼儿从高处坠落的主要地点有：

一是窗户和阳台。许多坠落事故都是幼儿从窗户或阳台上跌落而导致死亡或严重摔伤的。当孩子从窗户或阳台上跌下时，会重重地摔到水泥地或尖利的物体上，造成伤残甚至死亡。

上海市武宁路300号武宁小城小区内上演惊险一幕：一名年仅6岁的男孩在家中玩耍时，不慎从8楼高空坠落，随同他一起坠落的还有一把玩具火药枪。事发时，孩子的父母在外面买菜，孩子独自在家中玩耍，在小区物业、好心居民的帮助下，男孩被送往医院抢救。幸运的是男孩坠落时曾被雨棚阻挡，坠地后大声啼哭使其被附近居民及时发现。

二是台阶。台阶是儿童锻炼爬的技巧和发现新事物的去处，孩子会跟着成人或大一点的孩子走到台阶处。

三是家具。幼儿会从任何有高度的家具上摔落，如床、凳子、桌子等，这种摔落多发生在几个月大的会爬或者蹒跚学步的婴幼儿身上。

四是商场电梯、游乐城的滑梯等。

上海市南京路某商场曾发生一起8岁儿童坠落死亡案。事发之日，受害者随同父母到商场购物，不慎从6楼的中厅护栏与自动扶梯连接处坠落，经抢救无效死亡。

防范措施

1. 楼窗的插销要结实可靠，最好安在楼窗的中段，幼儿难以摸到。窗户要保持关闭，或限开一定的宽度，使儿童不易爬出去。

2. 窗户边不要摆设可供孩子攀爬的桌子、凳子等家具，以免形成幼儿攀登的“台阶”。

3. 阳台要有护栏或护网。护栏的高度要足够高，以免孩子攀爬，而且栏杆间的宽度不要太宽，以免孩子钻出。

4. 说服和教育幼儿不要在窗台沿或阳台沿上玩，勿在房顶上玩耍和睡觉。

5. 家人不要养成通过阳台或楼窗喊话的习惯，以免孩子模仿而增加坠楼的机会。幼儿单独在家时要关好阳台门及楼窗。

6. 家里有楼梯的，晚上要打开灯光，防止孩子因看不清而踩空。台阶上不要放置任何东西。台阶至少有一边有扶手。

7. 当孩子坐在高处时，要时刻在旁边看护，最好用有安全带的儿童坐椅，并且当孩子坐在椅子上时，教育他不要站起来。

8. 带孩子去商场时，一定要时刻牵着孩子的手，阻止孩子在电梯附近玩耍。

9. 去游乐场时，一定要紧紧跟随孩子，不要让孩子玩过于危险的游戏。

气管异物　先窒息再致命

隐患与后果

每天，全国各地都会发生孩子吞咽异物的险情，孩子嘴里含着东西，遇到哭笑跑跳时，易将异物吞咽。有的异物卡在气管里，有的堵在食道里，有的咽到肚子里。异物进入孩子气管时，轻者会引起咳嗽，胸闷，重者会导致孩子休克，甚至还可能造成植物人。

引起气管异物的原因主要有以下几种：

1. 进食坚果类食物。

引起气管异物原因的98%是由于进食瓜子仁、花生米、黄豆、蚕豆等坚果类食物时误吸入气管而引起，93%的气管异物案例均发生在家中。

广州市的一位仅有1岁多的小女孩竟然因为半粒花生米噎住气管，在没有得到及时治疗的情况下，因脑部缺氧过久而成为了植物人！事发的原因是保姆喂小女孩吃了半粒花生米，可就是这半粒花生米，埋下了日后的恶果。在吃了花生之后的一个月后，小女孩在开心地玩耍时突然一阵急促的呼吸声，转眼之间竟然休克过去。广州市儿童医院最终检查出，小女孩的气管里有半粒花生米。这半粒花生米原来就被卡在了气管里，但是并没有堵塞气管，有可能是孩子的笑声，导致花生米最终堵塞了气管。虽然知道了原因，但一切都太晚了，孩子由于太长时间脑部缺氧，最后成了植物人。

2. 孩子身边玩具上的小零件也成为孩子吞咽的主要对象。

济南市的一名8岁男孩连续两天胸闷、呼吸有哨音，父母带到医院检查。经儿童医院耳鼻喉科的医生检查，竟然发现孩子的右侧支气管下叶入口有绿色异物。最后，专家通过硬质支气管镜从孩子口中取出一个长约3厘米、直径约1厘米的塑料气球哨。

3. 孩子身上佩戴的小挂件。

很多年轻的父母喜欢给孩子佩戴一些饰物，一来为了祈福，二来为了好看，殊不知，这些漂亮却不实用的挂件或项链对孩子来说是有害无益的。

除了皮肤娇嫩容易引起过敏或划伤外，最大的伤害是挂件被吞咽造成窒息及挂绳引起的勒伤。有些孩子喜欢将颈饰含在嘴里，如果线绳或细链被咬断，不慎吞咽，后果将不堪设想。再说挂绳，通常都是细细的涤纶线或金银链，不论哪种都特别结实，而孩子在睡眠中经常会改变姿势，一旦将挂件上的细绳或细链缠绕在脖子上，很容易勒伤脖子，或引起血液流通不畅，甚至影响呼吸。

一位年轻的妈妈给1岁大的女儿买了一个小玉佛的挂件，用一根细红绳穿着挂在脖子上。可就是这条小红绳差点要了孩子的命。早上起床后，妈妈赫然发现女儿的脖子被细红绳紧紧地勒着，女儿脸色发青，气息已经十分微弱。妈妈赶紧扯开项链，开始人工呼吸。几分钟后，女儿才苏醒。事后想起来这位妈妈就觉得后怕，如果自己没有及时发现或者女儿睡觉时不停地翻身，细绳会越缠越紧，后果将不堪设想。

此外，孩子们在游戏时，相互拉拽也很容易勒伤幼儿颈部，严重时甚至会割破气管。

除此之外，如果孩子佩戴贵重的挂件，还会遭遇不法分子的骗抢。

山东省潍坊市的一对老夫妇带着3岁的小孙子到市场买菜。来到一菜摊前，刚挑选好黄瓜准备掏钱付账，就在这时意外发生了，一个黑影奔到孙子身后伸手抢走了孩子脖子上系着的金挂件，孩子失声尖叫后一个踉跄险些摔倒，脖颈上留下了一道红红的勒痕。

防范措施

1. 预防幼儿吞咽异物的几项措施：

（1）孩子嘴里吃东西时，一定要让他安静地坐下来，要规定好坐姿。特别是孩子玩小球、吃坚果的时候，家长一定要在旁边，而且不要逗孩子，更不要让孩子大笑或者大哭。

（2）绝对不要让孩子拿到玩具零件、气球、别针、蜡笔、钱币、指甲、小螺丝、大人的珠宝耳环等容易吞咽的小东西。

（3）不要让小孩吃热狗、汉堡、花生核果、硬糖果、玉米粒、葡萄干、豆子、切成小丁状的蔬菜等大型的、硬的、圆形的食物，尤其不要让孩子吃花生米，这是最危险的。因为花生米的位置不能用X光照出来，若梗在气管或支气管内，吸收了水分会膨胀，进而堵塞气道，引起窒息。

（4）为了孩子的健康和安全，父母最好不要给孩子佩戴项链以及各种挂件。

（5）不要给孩子穿有小配件的衣服，如小铁环、小铁链或其他可以摘取下来的配件、饰物等。

2. 孩子吞咽异物后的急救措施：

很多家长在孩子被食物窒息之后，过于忙乱，只想着赶往医院，错过了救治的最佳时机。其实很多食物只是卡在喉部，只要抠出来就没事了。而往往由于过度紧张，慌于前去医院，结果错过了急救机会。

（1）如果是1岁以下未断奶的婴儿，采用的急救方法是：大人先坐好，让宝宝脸部向下，趴在大人的大腿上，让宝宝的头垂到比身体低的位置，用一只手扶住宝宝，另一只手捶打宝宝背部肩胛骨中间的位置，重捶五下。再把宝宝翻过来，脸部向上，用一只手扶住宝宝，另一只手挤压宝宝胸口凹处与肚脐中间，快速挤压五下。重复捶打背部和挤压腹部的动作，直到将宝宝噎住的东西吐出来为止。

(2) 如果是 1 岁以上已经断奶的小孩，急救的方法是：站在噎住的小孩后面，两手环抱小孩，一只手握成拳头状放在孩子胸口凹处与肚脐中间，另外一只手则叠在这只拳头上面，向内、向上、快速地挤压。一直重复这个步骤，直到将噎住的东西吐出来为止。

(3) 如果东西进入气管，争取把卡住的东西拍入支气管中，保证呼吸通畅，尽快把孩子送往医院，医生会用支气管镜将其取出。大人还可以与小孩嘴对嘴地吹气，使异物离开狭窄的气道，进入一侧支气管，立即去医院救治。

交通伤害　从小就要培养安全意识

隐患与后果

儿童天真活泼，好奇心强，敢动敢玩，但自控能力和应变能力较差，遇到紧急情况难于应付，因而发生交通意外事故的几率较大，往往要高于成人好几倍。国际非营利性组织全球儿童安全网络的一项报告指出，中国每年有近 16 000 名 15 岁以下儿童步行者因道路交通事故受伤甚至死亡，广州平均每年有 300 名儿童步行者因道路交通事故而受到伤害，死亡率高于北京和上海。

儿童发生交通伤害的原因主要有以下几方面：

1. 孩子的身材都比较矮小，他们的视野都不能越过小轿车、长凳或灌木。对于一个儿童来说，隐藏在每一辆小轿车后面的物体，他们都很难看见，他们也很难被司机观察到。

2. 孩子通常对声音的来源很难判断准确。大部分儿童的听觉都非常敏锐，但是他们总会在发现声音来源之前东张西望好几次。

3. 缺乏安全意识。在 6～8 岁这段年龄之前，孩子还没有萌生一种自我的危险意识，也不能感知危险情况。

4. 注意力不集中，容易分心。孩子的本能使得他们把思想集中在自己的乐趣当中，沉浸于自己的世界，而忘却周围环境的存在，丝毫不理会身边可能会出现的危险。

调查结果显示，广州儿童步行者发生道路交通事故的主要原因与全国的结果相一致，违章穿越车行道是造成广州儿童步行者伤害的首要原因，平均每 10 个遭受道路交通意外的儿童步行者中，有 5 名是因为违章穿行车道而致伤害的。

防范措施

1. 家长和教师从小要教育儿童遵守交通规则，养成良好的习惯。教孩子从小认识、熟悉各种交通信号和标志，做到自觉遵守交通规则。

2. 防止婴幼儿出现交通事故的防范措施：

（1）对婴幼儿加强看管，不要让孩子在人多车多的路上独自行走。

（2）在托儿所、幼儿园进行交通安全常识的普及宣传。孩子上马路要有家长陪伴，横穿马路时家长要牵着孩子的手行走。

（3）不要让孩子骑三轮车上人行道、机动车道和狭窄的马路。

（4）黄昏以后不要让孩子在有其他车辆通行的地方骑车。

（5）带孩子乘车时要给孩子系上安全带。

3. 防止学龄儿童出现交通事故的防范措施：

（1）告诫孩子千万不要在街上和马路上一边走路一边埋头看书或玩玩具，否则非常容易发生意外事故。

（2）教育孩子上下学时，不要多人横排行走，不要互相推搡打闹，应该在人行道上行走。过马路时应看清指示信号，不可不看信号灯而猛跑穿行。

（3）对于孩子在街道上、马路上踢球、溜旱冰、追逐打闹以及学骑自行车等行为要严加看管。不要穿越高速公路上的护栏，也不要跨越街上的护栏和隔离墩。同时也要教育儿童不要在铁路轨道上行走、玩耍。

（4）教育孩子骑自行车上学时应遵守交通规则，不要骑车带人，更不要玩特技。下雨下雪天，儿童最好不要骑自行车，以免滑倒发生意外。

（5）过铁道口时，要看清信号灯，不可盲目通过。当火车通过铁道口时，要站在离铁轨 5 米以外处，不要靠得太近。因为离得太近，快速行驶的火车产生的风力可将人卷进轨道里，很危险。等火车通过后方能通过铁路道口。

4. 在子女的穿着打扮上下工夫，最好让孩子的身上有一种或几种醒目的颜色，如戴一顶黄色或红色的帽子，穿一件红色的上衣或裤子，背上红色的书包等。其目的是提醒司机的注意，这样可减少意外事故的发生。

游戏场所带来的伤害

隐患与后果

幼儿常去玩耍的游戏场所，里头所潜藏的危机是我们无法想象的。儿童意外事故频传，但是真正被报道及被大众正视的问题却很少。根据美国消费者安全委员会统计，每2.5分钟就有一名小孩因游戏设施而受伤就医。一年超过20万名孩童深受游戏场的伤害之苦，且3/4发生在公共场所。

游戏场所里发生的意外伤害主要原因有以下几方面：

1. 孩子聚集在一起嬉戏打闹。

游乐场里的蹦蹦床是小孩最喜爱玩的地方，但这也是孩子最容易受伤的地方。大多数情况下，孩子受伤的原因并非因为在蹦床上蹦跳，而是因为被其他孩子碰撞或是在蹦床上做一些不该做的事，例如骑自行车等。孩子只能在有大人监督的情况下才能在蹦床上玩耍。在蹦床上玩的孩子越多，受伤的可能性就越大。如果有一两个孩子跳起，那对于正在下降的孩子来说，蹦蹦床就像水泥地一样坚硬。 在这种情况下，孩子着陆的时候通常易发生骨折、脊椎损伤，有些则是严重的头部受伤。

上海市的沈女士带女儿在游乐场里玩耍，当时游乐场内有许多孩子正在玩耍，再加上一些在游乐场里陪护的家长，显得相当拥挤。于是沈女士就在游乐场外面的凳子上等候，就在她回头看手机的时候，突然听到自己女儿哇哇大哭的声音，女儿指着自己的手肘说疼。在与游乐场工作人员短暂交涉后，沈女士和女儿由一名工作人员陪同到医院就诊。结果女儿的右手手肘骨折。

2. 游乐场所里的设施超长服役、不合格，也是造成孩子意外伤害的原因。

据美国西雅图KING5电视台报道，当地时间2009年4月17日晚6: 30，华盛顿州皮阿拉普园游会儿童娱乐设施“旋转飞椅”发生垮塌，多名儿童受伤。事故发生后，许多儿童的父母纷纷前往抢救自己的孩子，现场一片混乱。事后，园游会负责人解释，事发时共有12名儿童，大多数都只受轻伤，但有一名儿童被送往医院。报道称发生事故的“旋转飞椅”大约使用了5年。

防范措施

1. 在游戏场所，家长应该先替孩子评估，这里的游戏设施是不是对孩子具有危险性。家长除了要了解设施是否安全之外，也要清楚地了解小朋友自己本身是不是有能力使用他玩的这个设施。3 岁的孩子手部的肌肉发育不足，勉强玩攀爬架就有可能造成危险。

2. 家长在孩子玩之前，先仔细检查一遍或是亲自动手去摸摸、碰碰，看看设备是否稳固，是否有危险。

3. 带淘气好动的宝宝出门前，可以先订一些基本的规则，如不可以跑来跑去，不然要接受处罚，让孩子先有心理准备，能有效地预防一些不可知的意外。

4. 不管什么时间跟场合，让孩子都在自己的视线范围内，千万不要因为家长的一时疏忽，而造成无法弥补的遗憾。

呛奶　0 岁宝宝的安全杀手

隐患与后果

呛奶现象通常在 1 岁之前发生。这个时期的宝宝咽喉软骨发育尚未成熟，控制力不好，容易发生呛奶。呛奶会导致孩子呼吸薄弱甚至呼吸停止，如果年轻的父母没有及时发现孩子呛奶，错过抢救时间，孩子会因脑部严重缺氧而死亡。

浙江省温岭市一个 2 周岁半的男孩小廷因为呛奶抢救无效死亡。事发当日，孩子的妈妈给孩子喂完奶后便将孩子放在床上睡觉，随后就去忙其他事。过了一段时间，孩子的妈妈发现孩子的脸色不对，呼吸很微弱，于是赶紧送到医院。到医院后，孩子已经没有了呼吸，抢救人员用吸痰器从孩子的气管里吸出了大量的牛奶，但由于送到医院的时间太迟，孩子因脑部严重缺氧而失去了生命。

婴儿发生呛奶的原因主要有以下几种：

1. 新生儿胃容量较小，假使喝太多奶或喝完奶后未排气就容易呛奶。

2. 奶嘴的孔洞较大，例如，奶嘴为十字洞，通过奶嘴的奶水量太多而导致宝宝呛奶。

3. 喝奶姿势不正确，也会呛奶。

4. 当宝宝感冒时，因呼吸道有感染，使得鼻子呼吸状况不顺畅，吞咽不协调时易呛奶。

5. 有胃食道逆流情形的宝宝很容易呛奶。

6. 早产儿及有唇腭裂、心脏病、重度唐氏症或是脑性麻痹的宝宝，因其吸吮力较弱，呛奶几率也较高。

防范措施

1. 喂奶时不要让小孩躺着，应该将小孩抱起来呈 45 度角左右。

2. 孩子喝完奶后给孩子拍拍背，让孩子保持侧身的姿势睡觉。这样一旦孩子吐奶，会顺着嘴角流出去，而不会吸到气管里。

3. 孩子呛奶时，由于难受，他们会不停地挣扎，脸色通红，嘴唇发紫，家长可以通过这些症状以确定孩子是否呛奶。

4. 如果发现孩子呛奶，最好的急救方法是将孩子倒立，用手拍孩子的背部，让孩子把奶吐出来，立即送往医院。

电老虎　电器带给孩子的伤害

隐患与后果

孩子年龄小，对电的危险性认识不够，因此较易发生触电事故。儿童因触电而死亡的人数占儿童意外死亡总人数的 10.6%。

一名 5 岁的小男孩捡到一根废弃的旧电线的裸露铜线在家里玩耍，由于年幼无知，他顺着家里的木梯爬到家里漏电装置高处，将旧电线一端插进电门的插孔，就这样小男孩的生命瞬间被吞噬。

儿童触电的主要原因如下：

1. 有些孩子调皮捣蛋喜欢玩电线插座，将镊子等金属器具插入电插座双孔里，因为短路，身体被强电流弹出。

南京市三个孩子趁父母不在，拿着电水壶的插头去捅插座。结果噼里啪啦一阵响，一股电火花蹿了出来，瞬间就将三个孩子的手电伤了。家人将其送到医院后，医生告诉家长，由于家用电压不是很高，孩子的伤算较轻，靠上药换药就能够恢复了，如果是高压电，三个孩子可就没命了。

2. 随着手机用户普及，还有不少孩子喜欢玩充电器，这些都是可能发生触电事故的隐患之处。

3. 造成孩子触电的主要责任在于父母对儿童看管不当。

防范措施

1. 家有孩子，应从以下几方面预防孩子触电：

（1）父母应在平时教育孩子不能接近、触摸带电物体，如玩灯具、电器等。

（2）对于家电的电源线，不要乱接乱拉，减少触电事故的发生。外引的电线只能临时使用，用完立刻收拾好，不能放在孩子伸手可及的地方。

（3）所有孩子能够摸到的插座要套上专用的防护罩。

（4）所有的电器设备用完后立刻放回安全的地方，如电熨斗、搅拌器、吹风筒等。使用风扇或取暖炉时，一定要放在安全的地方。

（5）选购电动玩具时，要注意辨明生产厂家，特别注意电玩的设计和安全性，这样可以大幅降低儿童触电概率。

2. 孩子触电后的急救措施：

孩子触电后，如果父母能采用一些急救方法予以正确处理，一方面会赢得宝贵的时间，为医生做好急救的前期工作有巨大帮助，另一方面还能有效减轻孩子的痛苦，减少留下后遗症的可能。

（1）切断电源。如果发现孩子触电，首先要切断电源，切忌用手或潮湿物品直接接触孩子和电源，可用干燥的木棍、竹竿、塑料玩具等非金属物体将孩子和电源分离，立即关闭电源开关或将总闸断电。

（2）孩子与电源分离后，应避免走动，就地休息，须立即观察孩子的心跳和呼吸，如果心跳和呼吸都已停止，须马上实施现场急救，对其进行口对口的人工呼吸和胸外心脏按压，并拨打120求救。

（3）如果孩子有心跳，但无呼吸，须对其进行口对口的人工呼吸。做人工呼吸时，不要捏住孩子的鼻子，应让其鼻孔保持自然通气，并适当控制每次的吹气量，以免因肺部进入太多空气而导致肺泡破裂。如果孩子的嘴巴无法张开，可对准其鼻孔吹气。

消毒剂、药物中毒的伤害

隐患与后果

近年来，儿童误食误饮各种家用清洁剂和杀虫剂的惨剧时有发生，轻者中毒，重者死亡。这些小中毒者中，从8个月到12岁的都有，但主要集中在2～5岁的年龄段，因为这个年龄段的孩子已有了活动能力，而又缺少基本的认知能力。误饮化学品中毒已经成为1～14岁儿童意外伤害而死亡的主要原因之一。上海第二医学院附属儿童医学中心每年都要收治近百名误服各种化学品的儿童，而这些孩子受到的伤害大部分是由于家长一时疏忽造成的。

因1岁零8个月的儿子脚踝蹭破皮，张女士找来消毒水处理伤口，随后便到厨房做事。过了一会儿，张女士听到儿子在哭，才发现他喝了消毒水。张女士急忙抱上儿子坐出租车到了省医院，后经检查，孩子喝得不算多，但需马上洗胃并输液治疗。3个小时后，医生诊断孩子暂无大碍，可以回家休息。

除了各种各样的消毒剂，被儿童误食导致中毒的还有药品，多发生在1~4岁的幼儿，这一年龄段的小孩对外界充满好奇心，又缺乏必要的判断力，常趁大人不注意时自行吞食药物引起中毒。

哈尔滨市一个两岁男孩误把20多片糖衣皮地芬诺酯当糖吃掉，之后开始抽搐。家人发现后，马上带孩子去医院抢救。但孩子中毒症状越来越重，在转到哈尔滨市儿童医院后又出现呼吸困难，四肢张力下降，神志不清的症状。经抢救，孩子脱离了生命危险，但因药物中毒引起的脑损伤将伴随他的一生。

河北省一个两岁的幼儿看见沙发上有一颗小药粒，以为是糖果，用手捏起来就放进了嘴里。所幸孩子的动作被妈妈发现，药粒被及时地从孩子嘴里掏出来，这粒药竟然是奶奶吃的降压药。药粒外面包裹的一层糖衣已经被含化，妈妈觉得真是有惊无险。

防范措施

1. 注意把日常使用的洗洁剂、地板清洁液、消毒液、漂染液等清洁剂存放在孩子摸不到取不着的地方，且用后及时收藏好，避免让孩子接触到。

2. 建议选用以儿童不易打开盖子存放的药品或化学用品。买回新的清洁剂后，要让孩子认清其外壳模样，并交待清楚这是什么东西，有什么用，不能误食，若误食了又会产生什么样的后果，等等。

3. 在使用化学用品时，要注意看护好孩子。

4. 打开后的化学用品要放置在标志清晰的原来的容器中，不要用矿泉水瓶，尤其是外形好看、颜色鲜艳的瓶子分装，以免引起孩子的兴趣，导致误饮。

5. 不要将不同的化学用品混用。

6. 过期化学用品要及时扔掉。

7. 教育孩子养成良好的饮食卫生习惯。为了孩子的健康，一定要将药品放在儿童够不着的地方妥善保管。

8. 家长给孩子用药时，一定要严格按照医嘱执行，切不可私自用药，以免造成孩子药物中毒。因为小儿处于生长发育期，用药与成人大不相同，药物的毒副作用较之成人更为敏感。

9. 孩子药物中毒后的急救措施：

（1）在家里或是在外面，一旦发生中毒情况，应立即将孩子送医院抢救。

（2）抱着小儿时首先要注意有无呕吐，要把颈部的扣子松开，头部侧转稍低，以免吐出物吸入。颈部要直但不要扭曲，以免影响呼吸。

（3）注意保暖，不要使小儿在转送途中受凉。

（4）将吐出物保存好，如有大便或排出物也要留下来，供医生参考。必要时送化验，检查中毒药物的性质。同时，仔细回忆小儿发生特殊变化的过程及现场调查情况，尽可能详细地提供医生参考，以便医生采取适当的措施进行救治。

（5）一旦孩子药物中毒，家长一定要镇静，按上述要求处理，切忌手忙脚乱，以保证救治工作能顺利进行。

第十二章

儿童防骗——被骗的孩子被打残后沦为职业乞丐

近年来，孩子被拐卖、遭受性骚扰、性侵害案件逐年上升，孩子已经成为坏人下手的主要目标。孩子的防卫能力差，对坏人没有识辨能力，这使得骗子屡屡得手。本章主要介绍针对孩子的各种骗术，教会孩子如何防骗，如何保护自己，家长们也应吸取教训，防患于未然，千万不要因自己的疏忽造成孩子一生的悲剧。

别让保姆“拐”走了幸福

隐患与后果

随着生活水平的提高，许多家庭开始聘请保姆或选择专职人员看护孩子。由于保姆市场管理机制存在漏洞，许多不称职的保姆，还有心怀叵测的以拐卖、绑架儿童为目的的犯罪分子也混迹其中。因此，孩子被保姆拐卖、绑架的案件时有发生，致使一些家庭从此陷入痛苦的深渊。

家住北京市东城区的罗先生家一对仅 11 个月的双胞胎女儿突然不见了。一天后，南昌乘警破获了一起湖北两保姆拐走双胞胎姐妹案，被解救的孩子正是罗先生的女儿。原来犯罪分子竟然是曾在罗家做过近半年的家庭保姆，两保姆将雇主罗先生的一对双胞胎女儿带走后登上了由北京开往吉安的 K133 次列车，准备将这对双胞胎姐妹带到麻城再转车去黄州。幸运的是晚上 9 点左右时，值班乘警发现其形迹可疑，将其带到餐车询问，于是发现了两犯罪嫌疑人的拐卖双胞胎案。

保姆拐走雇主家孩子的事近年来屡有发生，保姆拐骗幼儿案件不断发生的诱因主要有以下几点：

一是拐卖儿童的经济价值明显提高，在一定程度上刺激了犯罪分子犯罪动机的形成。

二是媒体传播的负效应。媒体网络的普及性和多样性，促使犯罪方式被更加广泛地传播。

三是债务纠纷、吸毒、赌博等丑恶现象引发金钱匮乏，使一些人铤而走险，拐卖成为一种轻而易举的犯罪行为。

四是孩子被绑架后，家长支付的巨额赎金刺激了犯罪分子的绑架行为。

被保姆拐走的孩子多在6岁以下，保姆之所以能够轻易得手，其主要原因有以下几点：

（1）孩子的监护人防范意识薄弱，例如，所请保姆来自非法劳务市场或由熟人介绍等。

（2）过分轻信保姆，对孩子看护不力，给对方造成可乘之机。

（3）对保姆管理不当，致使保姆的朋友或亲属间接实施犯罪行为。

（4）雇主与保姆发生经济或情感纠纷，招致保姆的报复行为。

（5）部分保姆心理变态，对孩子过分依赖，造成心因性拐骗儿童。

由于婴幼儿不能保护自己，因此使犯罪分子的拐卖与绑架行为很容易得手。

防范措施

1. 家长防止孩子被保姆拐骗的几项措施：

（1）通过合法渠道签约保姆，不要贪图便宜，从非法渠道聘用保姆。不要以熟人或朋友的意见为依据来鉴定保姆。

（2）在聘用保姆前，要详细了解保姆的工作经历和人品。在雇佣保姆时，无论是熟人介绍来的还是劳务市场请来的，首先要看她本人的身份证件，搞清楚她的真实姓名和家庭住址，必要时要通过电话等方式进行核实，以防保姆使用假身份证。目前已有案件显示，一些有犯罪前科的人或者有预谋的人利用假身份证登记，以隐瞒自己的真实身份，由于负有审核责任的劳务公司并未认真履行职责，致使犯罪分子得逞。

(3) 了解保姆的社会关系。一个好的保姆不一定会有好的朋友或亲属，因此她周围的人群并不见得安全，聘用保姆后，在获得保姆理解与支持的前提下，要严格防止保姆的朋友接触孩子。

(4) 最好与保姆签订平等的劳务合同，善待、尊重保姆，减少与保姆之间的矛盾冲突。万一发生矛盾，应采取必要的保护措施，如不允许保姆接触孩子，限时让保姆离开，有矛盾到劳动仲裁部门解决等。

(5) 将保姆介绍给邻居认识，并请求邻居协助监督保姆的行为。

(6) 教育孩子远离陌生人，即使他们自称是保姆的朋友也不能接近。

(7) 一旦发现孩子被拐骗，应迅速报警，提供相关线索，听从警方安排。

2. 教育孩子防止被坏保姆拐走的几个防范原则：

(1) 未经父母同意，不要单独和保姆去陌生、偏僻的地方。

(2) 不要和保姆的朋友、熟人外出，保姆可能是善良的，但他们的朋友却不一定都是好人。

(3) 一旦发现保姆把自己带到了陌生的地方，不论是否有恶意，都要及时想办法离开。

(4) 即使是熟悉的保姆，假如他们在父母不在时带你去了陌生的地方，或者做了特别的事，要及时告知父母，以防其中暗藏着无法察觉的危险。

陌生人敲门　别轻易开门

隐患与后果

周一至周五成人上班时间是值得特别提高警惕的时刻。有些犯罪分子通常选择这个时候进入社区敲门，如果家中只有老人或者孩子，犯罪分子可能会强行撬门或者骗主人开门后实施诈骗或者抢劫，甚至还会杀人灭口。

重庆市某居民楼内的丁先生家发生了一起血腥的灭门惨案。丁先生年仅13岁的女儿被人残忍杀死在家中，11岁的儿子重伤。警方破案后，犯罪分子竟然是一对不满20岁的情侣，而他们的杀人动机只是为了劫财。

据犯罪分子交代，两人都没有固定的工作，经济上捉襟见肘。他们是在外面看到丁先生家的租房广告后顿生邪念，于是就借着看房的名义想要抢劫钱财。当时，丁先生家中只有放暑假在家的一对儿女。两人哄骗两个孩子说，自己是与其父母约好来看房的。两个没有防范意识的孩子开门让他们进了屋，惨剧就这样发生了。事后，两名犯罪分子竟然坐在屋中等待着主人回来。最后在周围邻居的帮助下，两名罪犯被当场抓获。

这个悲剧告诉我们，我们对孩子的防危意识教育是多么薄弱。试想，假如这两个年幼的孩子具有一些防范意识，在父母不在家时坚决不给陌生人开门，或者在歹徒进家门前先和父母联系一下，惨剧就不会发生。不只是孩子，家长同样缺乏安全意识，在这个案例中，假如两个孩子的父母出门前叮嘱一声，不要给陌生人开门，惨剧同样不会发生。

犯罪分子惯常使用的身份，一是物业人员，抄水表，煤气表人员或者管道维修人员。他们会利用特殊的身份探听住户的情况，对于这类人，多数人特别是防范心理不强的老人和孩子会不加思考地开门。然而一旦让他们进门就可能遭遇抢劫。

另一类是陌生的敲门人。他们往往没有任何借口强行敲门，或者假意敲错门，或者假意求助，实则是探听虚实，如果家中无人，或只有老人孩子，他们就会强行撬门偷窃，如果孩子开门放其进入，后果不堪设想。

防范措施

1. 给家里的门上装好猫眼，装好防盗门、窗，定期检查门锁等防盗设备是否完好。

2. 告诉孩子单独在家里时最好把门从里面反锁，如果有坏人强行撬锁，可以有效拖延时间。

3. 在电话机旁留几个离家较近，而且信得过的朋友或亲人的电话，如邻居的电话，以便孩子面临危险时可以随时求助。

4. 告诫孩子，只有自己在家时，除了特别信得过的人以外，千万不要给任何人开门，如果是认识的人，可以委婉地隔着门请他们等爸爸妈妈回来后再来。如果是陌生人，可以做一个假相，让陌生人以为家中有大人在，如故意大声说："爸爸，有人敲门！"然后拿出一双大人的拖鞋穿在脚上走来走去，故意弄出声响。如果发现门外的人很可疑，要立刻拨打求救电话，拨打 110，声音要大，尽量让门外人听到，起到震慑作用。

5. 要多注意住所周围最近所发生的事件，如果有危险要及时告诉孩子，同时要做好必要的防范措施。

提防放学路上热心的“熟人”

隐患与后果

中小学生放学后独自回家的路上，是骗子或者绑匪实施犯罪的一个重要地方。因为在这个时候，往往只有孩子一个人，缺乏救援，比较容易得手。在这时，有些骗子会假冒孩子父母的熟人欺骗孩子。如果孩子相信了他的话，和他交谈起来，他多半会请孩子去吃麦当劳或者去哪里玩，等到达目的地后，就会凶相毕露。

家住云南省曲靖市某县城的一年级小学生李靖像往常一样，放学后背着书包回家去。他没有想到，危险在前面等着他。当李靖快到家时，一个陌生的年轻人走到他身边说：“小朋友，我是你爸爸的朋友，你爸爸在那边，他叫我来带你去他那里吃饭。”就这样，小李靖和这个年轻人上了一辆出租车，风驰电掣驶出了曲靖……两小时后，一个绑架电话打到了小李靖家，李靖的父母怎么也想不到，从学校到家不足一里，儿子怎么会被人绑架了呢？

这些“想象不到”的悲剧之所以屡屡发生，主要有两个原因：一方面是孩子从小缺乏安全防范意识，面对陌生人丝毫没有警惕心；另一方面，则归罪于父母的疏忽大意，父母缺乏对孩子从小的安全教育。

海口市的一个10岁左右的小姑娘中午放学独自回家时，在距离自家小区直线距离30米的地方被人污辱后掐死，她的学校距离小区也不过几百米。事后，孩子的家长说，由于学校与家的距离很近，加之孩子很懂事，所以从来没有担心过孩子自己回家会有危险。家长大意的结果是家长与孩子永远天地相隔。

防范措施

1. 首先，年幼的孩子最好有人亲自接送，危险是随时存在的。其次，对于年龄稍大的孩子可以允许其自己回家，但要提醒孩子放学后直接回家，如果去别处要提前告诉家长。还要告诫他们，无论是在路上还是公交车上，都不要理会陌生人的搭讪，更不能随便跟他们走。

2. 如果孩子的同学中有与自己家住得比较近的，应该让他们结伴回家，同时与他们的家长联系，共同督促。假如孩子回家的路比较偏僻，尽量有人接送。

3. 了解孩子要好玩伴的家庭联系方式，与他们的家长联系，一旦孩子失踪了，可以从他们那里了解情况。

4. 有些绑架是有预谋的，如果你有钱有势，或者与他人有纠纷，应该格外注意孩子的安全。教育孩子不要轻易露富，告诉他们应该提防哪些人。自己的行为也要多加检点，不要因为自己的原因而使孩子受到伤害。

5. 从孩子懂事起，就进行安全教育，告诉他们要时刻警惕陌生人，应做到以下几点：

（1）放学后直接回家，避免走太空旷、僻静的路，不要独自去空旷处玩耍。

（2）年幼的孩子要等家长接送，或者与同学结伴而行。回家的路上不轻易和陌生人接触，不受他们的任何诱惑，不接受任何人的馈赠，不吃他们给予的东西，特别是不喝他们的饮料。不要在路上逗留太久，不要出入复杂的娱乐场所。总之，要尽可能阻断歹徒下手的机会。

（3）告诫孩子从小不要有攀比心理，如果家庭比较富裕，注意平时不要显露，以免被不法分子注意到，实施犯罪。

（4）走在街道上，当陌生人叫到你的名字时，最好的方法就是装哑巴，什么也别说，径直走开。如果发现有人跟随你，要制造附近有亲人陪伴的假相，如紧跑几步，一边跑一边冲着前面的人喊："爸爸，等等我。"或者是阿姨、哥哥等，犯罪分子发现你不是独自一人时，就会"放弃"你。

孩子，别被自己的同学卖了

隐患与后果

被自己的同学卖了？开玩笑吧？这不是玩笑，而是真实的案例。同学往往被家长们认为是可靠安全的，然而，让他们想不到的是，同学犯罪率却在逐年上升，这些犯罪的"小同学"，很容易取得孩子们的信任，轻者被绑架，重者被拐卖、女同学被逼卖淫。

家住盐城的小陆独自离家外出，晚上6点多钟，小陆的父母接到了小陆的同学胡某打来的电话，告诉他们小陆和几个朋友在一起，晚上可能不回家了，并说其中一个朋友受伤住院，小陆正在服侍，所以委托他打电话报平安。小陆的父亲随即给女儿最好的朋友家打电话，得知她的家人也接到了内容相同的“请假”电话，于是也就没再继续追究这件事。然而，接下来的几天里，小陆一直没有回家。小陆的父亲随即报了警，警察经多方打听，才知道胡某伙同“男朋友”将小陆和另一名同学以每人500元的“价钱”卖给了别人，至于卖给什么人、卖到什么地方，不得而知……

通常来说，无论是家长还是孩子，对于孩子的同窗好友是最不容易设防的，然而，正是由于不设防，被同学“骗”的几率也最高，这些同学一旦动了邪念，或者被其他人利用，其危害性非常高。

对于这些犯罪的同学，一般是那些平时表现比较恶劣，与社会闲杂人等来往密切的学生，但也不排除一些所谓的“好学生”。

四川某中学就发生一起学生干部拐卖同学卖淫的案件，这位学生干部是教师之子，年年都是优秀干部。就是这位在老师、同学眼里看来品学兼优的学生拐卖了10位女同学。

此外，在防范同学“施骗”的同时，还应警惕来自同学家长的危险。

11岁的小丽去同学小华家玩，因为玩得太晚，不敢回家，于是想在同学家住。当时小华不在家，只有她爸爸佟某一个人在家。小华的爸爸说小华一会儿就回来，让她躺床上等她。随后，佟某开始给她放黄碟，后来奸污了小丽。第二天早上，佟某警告小丽不要对任何人说昨晚的事。小丽因为年纪小，加之心理恐惧，所以一直没有声张。两年后，小丽才明白了两年前发生了什么事，于是她将这件事情告诉了父母。报案后，佟某因强奸罪被判处有期徒刑7年，而小丽心中也留下了永久的阴影。

爱屋及乌，有些孩子由于与同学关系好，就想当然地认为他们的家人也是好人，这种看法是相当错误的，上面这个案例就是惨痛的教训。

防范措施

对于同学之间的交往，家长不能掉以轻心。上面的案例给家长们提了个醒：

1. 不要过于轻信孩子同学的话。

2. 平时要了解孩子同学的基本情况，特别是品行好坏。让孩子远离品行不太好的同学。

3. 除非是非常了解的家庭，否则要严禁年幼的孩子独自去同学家里玩耍，更不允许贸然留宿。

4. 孩子出门，要问清楚他们去哪里。这可能会引起孩子的反感，所以要讲究方式方法，只要给孩子讲明白道理，他们会理解家长的苦心的。

陌生人的美食 致命的鱼饵

隐患与后果

利用美食或者小玩具、小礼物诱骗孩子，这种方法是骗子最常使用的方法，其惯用的手法有：给儿童爱吃的食物、喜爱的玩具、好看的衣服以及带至游乐场等处去玩耍等，骗取儿童的好感后将其拐走。

银川市一名交警在执勤时发现一名行为诡异的中年男子拉着两名大声哭泣的小孩，正在路旁拦截出租车，便立即上前盘问。该男子见警察过来，丢下两个小孩快速逃跑了。交警通过询问这两个小孩后知道他们是银川市某幼儿园的孩子。这所幼儿园的厕所设置在幼儿园外，早上，这两名 4 岁多的小男孩出园上厕所时，那名男子以买好吃的为由，将孩子骗走。随后，该男子带着孩童离开幼儿园，准备搭乘出租车潜逃，被细心的交警发现。

利用食物、玩具等道具行骗的对象主要是 6 岁以下的儿童，这些孩子由于年幼常常毫无戒备，骗子轻而易举就可以得手。所以家长要格外小心。

总之，在与儿童有关的案件中，几乎处处有美食的身影，这些食物可能是家长平时禁止孩子们过多食用的。当然，孩子们被食物、玩具所诱惑，有时候并不完全是因为食物、玩具本身，而是由于逆反心理或者从众心理，抑或是新鲜感所致。许多家长都遇到过这样的事：某些食物在家里即使家长恩威并施，孩子也不吃，但是在外面，这些食物却让他们挪不动脚。

防范措施

1. 6岁以下的孩子，虽然理解能力，语言能力，记忆能力有限，但已可接受一些基本的训练。家长应该做好平时的教育工作，如教孩子拒绝陌生人的糖果、礼物和搂抱，不跟陌生人走等，以防止坏人以各种手段骗取孩子的信任，不让坏人达到拐骗的目的。

2. 面对美食、玩具的诱惑时，教育孩子灵活应对：

首先，一个人在外边玩耍时，遇到陌生人有亲热表示时，你要提高警惕，立即走开，千万不要去跟他搭讪。

其次，如果有陌生人买吃的东西或者玩具给你时，要坚决地拒绝，大声告诉他："我不要。"不要贪小便宜，他们给你东西，必定有所图，拿了你就上当了。

迷路时的热心人　切记要有提防心

隐患与后果

儿童迷路，很多时候是与家长看管不力有关。一种情况是，带年幼的孩子去闹市与孩子走散；另一种情况是在家中疏于看管，致使小孩子自己出去，找不到回家的路。

大多数孩子与家人走失后会表现出恐惧、沮丧的表情，有时他们还会哭，骗子很容易从这些表现中判断出孩子的处境。这时他们就会耐心地哄骗孩子，假装询问他们家人的情况，还可能会给他们买一些好吃的食物以及好玩的玩具，然后谎称带他们去找家人，但实际上却把儿童带往其他的地方。

河南省新乡市警方破获一起重大的贩婴案。一个横跨广东、广西、云南、贵州和四川等省的贩婴团伙暴露在阳光之下，35名儿童陆续被解救。

据人贩子交待，他们所拐骗的孩子中有很大一部分是在公共场所"捡"到的。当时这些孩子刚与家人走失，人贩子假意带孩子去找家人，轻易就骗取了这些孩子的信任。

据公安机关的统计，因迷路而被拐骗的儿童大多数都在6岁以下，这一年龄段的小孩，防骗的重点应在家长身上。

防范措施

1. 家长尽量不要带年幼的孩子到商店、车站等公共场所，更不要让他们独自去这些地方，这些地方人多拥挤、情况复杂，容易让坏人拐走孩子。

如果带孩子外出，要随时注意孩子是否在身旁或在视线范围内。有的父母带孩子外出时，一遇到熟人或忙着干别的事，就会忘记了孩子，结果使孩子意外走失，给骗子提供了下手的机会。

2. 无论是在家附近还是在闹市，即使家长有急事，也不要让陌生人照看孩子，哪怕时间很短。

3. 平时对孩子加强安全意识教育，教给他们一些“紧急避险”的本领也非常重要，具体可以这样做：

(1) 要求他们记住父母的姓名、家里的电话、亲人的手机（至少要记一个）、父母工作单位的全称及电话号码。

(2) 告诉孩子如果迷了路应找警察或拨打110电话。

(3) 在孩子能记事后，就要教孩子认识自己家周围的环境，诸如自己家房子的特征，附近有什么特别的建筑物，住在什么街、什么胡同，以及门牌号是多少。

(4) 过于年幼的孩子记不住这么多信息，应该给他们随身携带可以证明其自身信息的物品，如在脖子上戴一个写着家庭信息的小牌子，在书包上缝一个写有家庭联系方式的小卡片。现在市场上有一种专门针对小朋友的项链，上面可以刻上孩子的各种信息，以便他们在走失后及时得到求助。需要提醒的是：这些标志要放在隐秘的地方，不要轻易示人，否则反倒成了骗子利用的工具。

4. 家长一旦发现孩子丢失，要立即到公安机关报案，不要错过找回孩子的时机。

陌生的同龄玩伴　有时会是小骗子

隐患与后果

许多家长会放任自己的孩子与陌生的同龄人玩耍，可是，你知道吗？孩子身边的好朋友、好姐姐、好哥哥有时可能会成为拐骗孩子的“杀手”。

广州市公安局曾破获一起少女拐骗两个小女孩的案件。家住广州市某小区的两个小女孩在自家小区里玩耍时失踪。警察破案后发现，“人贩子”竟然是一个年仅13岁，家住四川省某乡多次离家出走的女孩赵丽。原来，当天文文和博博在玩耍时，赵丽走过来和她们玩了一会，随后带她们到小区外一起吃“凉虾”，最后赵丽问她们是否愿意跟她一起到四川，她还自称坐火车有经验，不用花钱。文文和博博相信了她的话，跟着她一起走了。

更让人想不到的是，警察询问赵丽为什么拐骗这两个小女孩时，同样年幼的她说：我一个人孤零零走没意思，这两个女孩又很乖巧，所以我带上了她们两个跟我一起走，在火车上我们还一起玩耍，一起藏猫猫。

同龄人拐骗还有一种情况，即同龄人本身并没有恶意，但被他身边的坏人所利用。

深圳市罗湖区草埔、泥岗一带接连失踪10名儿童。直到一名10岁的男孩在罗湖区一个理发店旁利用糖果、玩具等带走一名3岁男孩时引起警察的注意，这起儿童失踪案才宣告破案。经过询问，幕后主使竟然是这名10岁男孩的父亲许某。据许某交待，在过去的一年时间里，他利用儿子频繁在草埔、泥岗一带作案。当他儿子的拐骗成功后，他们立即乘坐长途客车返回潮阳或揭阳，通过其他人贩子卖儿童而牟利。

此外，一些有组织的犯罪团伙利用孩子之间比较容易沟通并取得信任这一点，让年龄稍大的孩子充当拐骗儿童的角色，这种案件屡有发生。

防范措施

1. 作为家长，要随时与孩子的朋友、同学的家长建立联系，互留电话号码。有时甚至可以举办独生子女联谊会，让孩子和同龄人的小朋友一起成长。

2. 如果孩子与身份不明的孩童，尤其是流浪儿童来往，要查明他们的真实身份，必要时要和公安机关联系。

3. 建立孩子交友档案，对孩子的交友情况进行记录。

4. 与孩子真诚谈心，及时了解他们的动态。如果家长与孩子沟通较少，他们会因为不信任你而将心事藏在心里，以至延误了帮助他们的时机。

5. 从孩子懂事起，时刻对他们进行安全教育，包括以下几个方面：

(1) 家人不在身边的时候，不要随意和身份不明的小哥哥、小姐姐搭讪，更不要吃他们给的零食。

(2) 如果在学校外边认识了特别谈得来、特别喜欢的小哥哥、小姐姐，要及时告诉爸爸妈妈，请爸爸妈妈判断该不该继续与他们交往。

(3) 不要随便和小朋友一起外出，和小朋友一起外出前一定要和爸爸妈妈打声招呼。

(4) 没有其他小朋友的陪伴，不要随意去别的小朋友家里。

(5) 不要轻易相信朋友在交际场合介绍给你认识的人。你的朋友可能很可靠，但他的朋友不一定值得依赖。

(6) 不要随便和社会上认识的小朋友出入娱乐场所，更不要吃喝他们给的水果、饮料等食品。

面对“杀熟”骗子 做好防范措施

隐患与后果

认为“熟人不会骗自己”是非常危险的。分析儿童拐卖案件可以发现，许多案件的实施者正是受害家庭身边的熟人。以亲戚、朋友的身份等进行拐卖，这是人贩子的惯用手段。他们利用人们依赖熟人、警惕性不高的心理特点，专门在邻居、亲戚中行骗，成功率极高。

在上海做生意的江西妇女周某因知道表姐的女儿婚后数年不育，竟将邻居的3岁儿子从上海拐骗到江西带给表姐，从中获取1.2万元好处费。被抓后周某交待，事发当天，她在暂住地院子内佯装陪邻居的儿子玩耍，趁其母亲回屋干家务时，将孩子拐走藏匿。当晚，她就带着孩子乘火车离开上海回到江西老家交给了表姐。

面对陌生的人，孩子或许会不自觉地加以提防，但对熟人、亲戚，孩子和家长很难有防范之心，而正是由于缺乏防范之心，给了坏人以可乘之机，最终陷进他们的圈套。

通常来说，这类骗子的行骗手段一般有如下几种：

第一种，直接把儿童带走卖掉。

第二种，以“好心人”的身份出现，然后以提供工作为名，把儿童带走，然后强迫儿童卖淫或者行乞甚至偷窃，为他们赚钱。这种情况常发生在家境不太好的孩子身上。同时，逆反心理较强，或者父母关系不太好的孩子也容易因一时冲动上当。

第三种，利用老乡的身份骗取孩子的信任，将其拐骗到别的城市。这类骗子不一定与孩子认识，但可能与孩子有着某些相近的关系，例如同乡、同族。他们往往是在孩子与家人走散的情况下行骗。

防范措施

对于熟人、亲戚的欺骗，孩子的防范能力显然不够，这就要求家长平时做好工作。要防范亲戚、熟人拐骗孩子，家长可以这样做：

1. 不要随意将事业上的合作伙伴带回家，以防意见分歧时，对方在孩子身上加以报复。

2. 做一份亲戚、熟人防范档案，对行为不良的亲戚加以统计，并告诫孩子对他们加以注意。

3. 留心亲戚、熟人的言行举止，发现异常后，要告诫孩子加以留意，同时确保孩子不会落单。必要时可以报警。

4. 如果亲戚、熟人要给孩子勤工俭学的机会，一定要加以调查，不可不假思索地盲目相信。

5. 告诫孩子一旦发现面对的亲戚、熟人有了异常的紧张，要马上不露痕迹地远离他（她）。如果是在自己家里，可以说：“叔叔（阿姨）你坐一会，你来之前妈妈打来电话，说她不舒服，会提前下班，马上就会回来。”这时，害怕被识破骗局的亲戚、熟人多半会立刻告辞离去。如果是在外边遇到亲戚、熟人，又发现他(她）行为举止异于平常，则可以这样说：“叔叔（阿姨)，爸爸在前边的小卖部买烟，咱们一起过去。”

离家出走的孩子　提防“热心人”

隐患与后果

随着年龄的增长，活动区域不断扩大，孩子对外界充满了好奇，对同龄人的活动表现出极大的兴趣，产生强烈的参与意识，对家庭的依恋无形中被冲淡了。特别是十三四岁的孩子，易受环境的左右，虽然他们的身体发育比较快，但他们的心理发展不平衡，也不稳定，如果把握不好，很容易出现逃学、厌学、离家出走的现象。

孩子离家出走，除了本身的因素外，家庭环境也十分重要。据调查，20%的家长对孩子期望值过高，孩子的学习处在被监控督促之下，压力大、兴趣低，还有17%的孩子常因不听话遭受父母斥责、打骂，由于长期的压抑，易形成逆反心理，与家人发生矛盾冲突。此外，有10%以上的孩子处在不和睦的家庭中，4.8%的孩子因父母离异，常年和祖父母生活在一起，思想上无法沟通，有问题得不到有效的引导和帮助。以上这些因素都会成为引发孩子离家出走的导火索。

与迷路的儿童不同的是，离家出走的孩子通常不会主动回家，但又面临生存问题，加之社会经验少，恐惧，缺乏辨别能力等诸多因素，一旦遇到骗子十有八九会落入陷阱。看看下面这起发生在几年前的惨剧：

2005年8月17日，在一个叫小义的男子“出去找工作”的游说下，14岁的小红和同乡小洁满怀憧憬地离家出走，辗转来到北京。她们没想到自己从此将落入卖淫魔窟。到北京后，小义把她们介绍给了“洪姐”。在以后的日子里，洪姐逼迫她们卖淫。当晚，她们被迫接了5个客人。

在美容店里，还有10多名和小红、小洁一样的“小姐”，都从事着色情交易。她们中的很多人都是被“小义”这样的人从家乡或者别的地方骗来的。

一个月后，警方整顿当地的美容业。闻得风声的洪姐连夜押着她们南下，来到杭州。在杭州，洪姐更加疯狂地强迫她们卖淫。每到深夜，小红和小洁就抱在一起痛哭。

两人曾尝试过逃跑，然而因为不熟悉地形，很快被洪姐发现，被带回美容店，她们受到洪姐等人的毒打。此后，她们更没了自由。为了防止两人再串通逃跑，洪姐以 7 000 元的价格，把小洁转手给了另一家美容店。

梦魇般的日子终于在 10 月 15 日到头了。在杭州当地派出所的“打黑除恶”活动中，洪姐成为警方打恶的目标，她心慌意乱，自顾不暇。小红利用这个机会再次逃跑，并且找到了小洁。两人一路狂奔，跑到当地派出所报了案，噩梦终于结束了……

防范措施

家里有孩子离家出走时，家长应采取以下措施：

1. 及时寻求警方帮助，与此同时，要仔细回忆孩子出走前的表现，如回忆他曾说过的话，检查他留下的字条，询问他的要好同学、朋友，也许可以得到一些重要的线索。通过这些线索，可以判断出孩子的可能去向。在确定孩子的可能去向后，不要耽误时间，立即去追踪。

2. 采取不同的寻找方式：

（1）如果孩子喜欢上网，家长要尽快找到孩子的网号，如 QQ 号、MSN、E-mail 等，这些信息或许家长平时不知道，但他的同学会有知道的，一定要打听出来。通过网上监控，可能会查到孩子的下落。

（2）可以通过媒体发出寻人启事，也可以在孩子可能出现的地方张贴寻人启事。使用此方法时，要注意一点，不要因为有人报信，就盲目地相信他们。如果对方提出汇款、电话费充值等要求，家长一定要小心上当，这或许只是骗人的把戏。家长只要本着一条：不见人不付酬金，那些骗子就无计可施。

在媒体或公共场所发布寻人启事的时候，要注意保护自己的联系方式。如果报案了，可以在寻人启事广告上留下当地派出所的联系方式。

（3）尽量不要在网上发布免费的寻人信息。这些寻人信息，固然可以把搜索范围扩大，但家长的联系方式同时会暴露在骗子面前。此外，当孩子找到之后，如果家长不能及时地删除在网上发布的寻人信息，仍然会遭遇骗子们无休止的骚扰。

3. 对于准备离家出走以及已经出走的孩子，一定要保护好自己，要做到以下防范措施：

（1）平时要多与父母沟通，即使你跟家人闹了别扭，也不要轻易离家出走，更不能轻信熟人，跟着他们去“闯世界”，这样的人大多不是好人。因为，如果他们真的为你好，就会劝你回家而不是让你离开父母。

（2）要谨记提防陌生人，尤其是初次见面就很热心帮助你的陌生人，虽然他们不一定是坏人，但是只要遇到一个你就危险了。所以，在特殊情况下，最安全的办法是不相信任何陌生人，找民警或真正可靠的人求救。

（3）学习一些必要的知识和防身措施。

（4）平时熟记父母或其他亲人的工作单位、家庭住址、姓名，熟记家中的电话号码，学会打电话、写信等。以备必要时，能及时联络到父母或亲人。记住求救电话：110，有困难，找警察、军人或国家工作人员帮忙。

（5）如果已经离家出走了，不要考虑面子问题，要尽快与家里联系，告诉他们你在哪里，以防发生意外时他们找不到你。要知道，父母永远不会指责你的幼稚，在他们心中，你的安危才是他们最关心的。要及时向父母敞开心扉，如果有什么不方便与家里说的话，可以借助媒体代为转告你们的家人。

（6）即使自己长时间被拐骗，也不要气馁，不要放弃逃生的信念。只要信念还在，终究会重新与家人团聚的。

别让身份“特殊”的人忽悠了你

隐患与后果

有时，骗子为了取得受害者的信任，会伪装特殊身份，如自称是某政府机关人员、导演、记者、星探等手中握有特权、办事神通广大的人。对于涉世不深的儿童来说，当有人亮出特殊身份时，他们会不辨真伪一概相信。假如这些人向儿童许诺好处并要求带他们走时，很容易就上当了。

沈阳市的玲玲看到某国务院直属饭店的招工信息后前去应聘，就这样，玲玲和另外5名女孩随着饭店老板高滨踏上了去北京的路。其中玲玲、闹闹等4人都年仅十三四岁。她们想不到噩梦就此开始。来京后，高滨一伙人强迫6名女孩子卖淫。她们不愿意，高滨便以“不听话，就把你们活埋种树”相要挟，甚至拳打脚踢直至女孩无法忍受只能同意卖淫为止。12 月中旬，听说开理发店卖淫挣钱快，高滨一伙 4 人又将 6 名女孩带到通州一家理发店“开业”。

一个月后，不堪忍受蹂躏的小女孩玲玲趁看管人不注意，偷偷逃出关押她们的地方，并拦住了一辆出租车请求带她去公安机关报案。第二天，在玲玲的指引下，公安机关很快找到了高滨等人的暂住地，将 4 人一并抓获，闹闹等人才得以脱险。

事实上，面对这样的骗子，不但未成年人会上当受骗，即使是成年人也可能会落入圈套。

王某假冒杂技团团长，以招收儿童从事杂技表演的名义为由到某地去行骗。他先支付给一些家长不等数额的金钱，然后要求带走他们的孩子，一些家长对他的身份信以为真，真的将自己的孩子交其带走。

王某将这些儿童带至大城市后，利用他们从事乞讨活动。其间，王某还曾与儿童的家属电话联系（儿童家属并不知晓王某及儿童的确切地址与联系方式），谎称小孩生活得很好。

纸终究包不住火，不久，当儿童的家属得知小孩是被用于从事乞讨后，均纷纷要求王某归还孩子。王某最终以“拐骗儿童罪”而判刑。

对儿童来说，骗人又圈钱的星探公司是近几年越来越值得重视的骗子。据消协的统计，这几年“星探”欺诈案正逐渐升级，许多打着“星探”旗号的骗子盯上了年少不更事却做着“明星梦”的青少年和望子女成“星”心切的儿童家长。

年仅 12 岁的小敏在广州市北京路被一个自称“星探”的人拦住，说她皮肤好、能成为广告巨星，让她到公司面谈。到了公司后，公司要求小敏先交报名费。在交了 300 元的报名费后，小敏被告知录取了，很快就能去拍外景，但要先支付 1 500 元签约费和形象推广费。公司让她交钱时，一再告诫她交完钱再告诉家人，好给家人一个惊喜。小敏认为星探公司的说法很对，于是把自己所有的压岁钱、零花钱都拿了出来，还跟小姐妹借了不少。待小敏凑足钱交清费用后，却一直没有拍成广告。公司的回答是“暂时没适合她的广告”，后来，这个星探干脆连电话都不接了，小敏这时才意识到上当受骗了。可是，却无法追究责任，因为这家公司确实注册了，是一家合法的公司，而且小敏和公司签了合同，合同上并没有明确说明什么时候让她拍广告。

未成年人看似独立、自我，但他们涉世不深、阅历浅，很容易相信别人，因此成为“星探”欺诈的主要目标。此外，未成年人除了有强烈的好奇心，还有很强的虚荣心，想通过“拍广告”等途径一夜成名。在这方面，媒体对于娱乐、影视明星的炒作多少起到一些暗示和误导的作用。

更糟的是，对于经济还没有独立的未成年人来说，这种欺诈对他们的打击也比较大，在上当受骗之后，短时间内他们的心态难以调整。因此，作为与未成年人关系最密切的家长和学校，应该在平时的教育中多为未成年人打一些“预防针”。

防范措施

1. 家长要想避免孩子受骗，首先要在心理上武装自己。那些有着特殊身份的人，多半是利用家长、孩子崇拜权威、渴望成名等心理而拐骗成功的，尤其是在农村或相对比较闭塞的城市，骗子假借一些特殊身份，很容易诱使家长和孩子上当受骗。

(1) 不要被骗子所描述的美好前景给忽悠了，与其说骗子是盯上了孩子，还不如说是盯上了他们过于“功利”的家长。“知子莫如父母”，自己的孩子有什么样的能力，自己应该很清楚，要客观地判断一下。

(2) 在交出孩子前，要仔细审查“星探”的身份，查看证件。但不能只看他们手里的证件，因为这些骗子手中都有假证件和其他假的道具材料。对付他们最有效的办法是，通过电话或其他方式向其所声称的单位进行核实。一个电话打到他们的单位，是真是假就会水落石出。

(3) 如果想培养孩子的专长，要通过正规的途径帮助孩子选择才艺班。如果孩子确有天赋，应该通过正规的途径进入培训学校或演艺圈。

(4) 关注孩子的日常表现，包括花钱、交友、穿着，等等，及时与他们沟通，做孩子的朋友，这样，孩子遇到困难时才会与家长商量。

2. 孩子可以从以下几方面进行防范：

(1) 如果有陌生人自称是记者、星探或者其他特殊身份的人，表示要带你去陌生的地方采访、试镜或者其他活动时，一定不要信以为真，因为真正的记者或者“星探”往往会先跟家长谈，而不是在街上跟你谈。所以，一旦遇到这种情况，最好的方法是“装聋作哑”，当做没听见，赶快走开。如果陌生人一味纠缠，可以找借口说：“我回家跟爸爸妈妈商量一下。”最好能够拿到他们的名片，回到家后立刻告诉父母，请父母查清他们的底细，必要时，还可以报警处理。

(2) 关键要记住：无论你是否相信这些人的话，都要回家与家人商量，让他们替你拿主意。

老人篇：让操劳一生的父母安度晚年

老人为我们操劳一生，作为子女应该让他们安享晚年。老年人也是意外事故的多发群体，有很多事实出乎意料，例如，家庭生活中老人受到的最多意外伤害是跌倒。其实从安全防范的角度，我们应该把老人和孩子同等看待并加以关注，这也是“老小孩，小小孩”的另一种解读吧。这是由于两个因素造成的：一是身体因素，老年人精力、体力不足了，防范意识自然下降，导致意外伤害事故增多；二是性格因素，人到老年后会变得天真，识别能力变差，加之跟不上现代科技的发展，非常容易受骗。本篇针对这两个方面为读者讲解老年人的安全防范重点。

第十三章

让老年人致残、致死的十大安全隐患

本章讲述使老年人致残、致死的意外事故和意外伤害的防范方法。意外伤害已经成为威胁我国老年人生命和健康的主要危险因素之一，意外伤害让老年人致残、致死率都呈现随着年龄增加而增高的趋势。它告诉我们：对老年人意外伤害开展防治工作已经急不可待。本章总结了危害老年人的十大意外伤害及其防范措施，把这些杀手的真面目呈现给大家，希望老年人尤其是其子女们加以重视，从这些让人心碎的教训中汲取经验，给老年人一个安全、快乐的晚年。

交通伤害　老年人伤害的最大元凶

隐患与后果

随着我国人口老龄化的上升趋势，老年人的交通安全问题日渐凸现起来。交通事故已成为老年人伤残、死亡的头号“杀手”。据无锡市交通巡警支队的统计，2005 年一年中绝大部分交通事故受害者是老年人。2002 年 10 月份，北京市朝阳区共发生 8 起重大交通事故，其中有 4 起涉及 60 岁以上的老年人。

2009 年 5 月 23 日，在哈尔滨市道里区透笼街与兆麟街交口，一位老太太正准备过马路，这时，一辆车速很快的 116 路公交车驶来，老人被撞飞 5 米多远，当场头部出血。老人被送入医院后，最终因伤势过重抢救无效身亡。

容易造成老年人发生道路交通事故的主要原因有以下几点：

1. 老年人移动速度变慢，身体协调失衡，走路不稳。

2. 老年人视力、听力下降，辨别危险的能力下降。

3. 老年人判断力衰退，认知危险后无法采取相应的有效措施。

4. 老年人接受交通安全的知识相对较少，不熟悉部分新的交通规则，有些老年人存在不良的交通习惯，且不熟悉道路通行方式和交通标志、标线。

5. 老年人使用的一些不合适的交通工具也是造成交通事故的原因之一，如电动自行车，因老人的反应与其车速不适应。许多老人爱骑小人力三轮车，看起来比自行车平稳，实际上车轮距小、轴距短，车前轮稍有急转就会翻车。已有多起惨祸与老年人骑这种车有关。

防范措施

1. 老年人出行时，特别是到车多、人多的繁华地段时，最好有人陪伴。

2. 老年人外出时应佩戴眼镜、助听器。

3. 老年人出行时应穿着相对醒目的服装，如黄色、红色等，以便引起各种车辆的司机注意。

4. 社区组织和家庭成员应多向老年人宣讲交通法规，提醒他们出行时遵守交规，注意安全。

5. 横穿马路时，要从斑马线行走，应等前后都没有车时再过，千万不要和机动车抢路，尽可能多走天桥、地下通道等。

6. 注意观察红绿灯和各种交通标志、标线，严格按交通规则行走。

摔伤（跌倒） 莫让老人伤了骨头再伤心

隐患与后果

老年人由于身体各种感觉器官退化，视觉、听觉和嗅觉都变得比较迟钝，活动能力相对降低，对突如其来的情况反应也会较慢，一不留神便会跌倒或被碰倒。

广州军区武汉总医院对因跌倒而进医院的老年人进行了统计调查，认为“跌倒”已成为老年人致残的“杀手”，轻者引起软组织挫伤，重者会发生骨折和脑血管意外损伤。

据统计，65 岁以上的老年人每年约有 30%的人跌倒 1 次或多次，并随着年龄的递增而增加，由此带来严重的后果。

据《联合报》报道，台湾老人一年跌伤案多达 46 万件，12.5 万名老人因此脱臼、扭伤、骨裂，甚至骨折，必须卧床。当局为此拟斥资数十亿元启动“防跌计划”。

调查发现，在家里，老人最容易在浴厕跌倒，占 27%，其次为客厅，约 23%，接着是卧室、天井或庭院。由于老人越来越多地常走出户外，在外跌倒比率也增加，经常是散步时跌倒，其次是骑乘摩托车或自行车时摔倒在地。

老年人跌伤的发生率和致残率都很高，年龄越大发生率越高，甚至有一年内多次跌伤者。老年人跌倒后容易造成腕关节骨折、股骨骨折和颅内的慢性硬脑膜下血肿。前两种外伤容易被发现，而后一种外伤比较隐秘，不容易被发现。

一位解剖学老教授到医院就诊，自述记忆力比以前差，头有些痛。医生检查后确定是右侧慢性硬脑膜下血肿。在提供病史时，他一开始否认自己曾受到外伤，在医生一再追问下，终于回忆起半年前曾经头部撞到门框上。当时感觉受伤较轻，没有到医院进一步检查。最后经过开刀治疗，老教授的生活才逐渐恢复正常。

长沙市的张老爹骑自行车摔了一跤，前额撞到了树根，由于只是前额擦破皮，没其他不适，老人便没在意，骑车回家了。谁想一个月后的一天，张老爹的右手突然拿不起筷子，右下肢也活动不灵活，还感觉头部有些胀痛，去湖南省人民医院检查时，被确诊为颅内血肿。

慢性硬膜下血肿是头外伤后 3 周以上开始出现症状，多数伤者有头痛、头晕、乏力、智力下降等现象。而老年人则以痴呆、精神异常和手脚无力为多。老年人多有程度不同的脑动脉硬化和脑萎缩，血管壁比较脆，脑组织与颅骨之间的间隙逐渐增宽，在受到较轻外力时，小血管也会破裂出血，在颅骨与脑组织的间隙内形成血肿。由于出血缓慢，当时可以不出现任何症状。严重者时间长了就会发生问题，引起颅内血肿。

老年人跌伤，常见的原因多见于以下几方面：

1. 视力障碍。人到 40 岁以后视力开始减退，45 岁以后逐渐出现花眼，看近物往往不清楚，加之视力的深度感减弱，路面不平或遇有台阶对深浅估计不准，或因白内障，青光眼、眼底疾患等致使视力障碍，易被障碍物绊倒而跌伤。

2. 应变能力降低。老年人对发生的意外情况反应较慢，加之肌肉控制力减弱，一旦被绊倒、碰倒，极易跌伤甚至骨折。

3. 步态与行走姿势不协调。年纪大的人，行走时身体前倾，两腿抬举高度不够，跨步比年轻时缩小，两足距离小，老年女性尤为明显，然而本人却没有意识到这种变化。迈步时，身体左右处于不稳定状态，稍有外力就易碰倒或跌倒。

4. 环境条件。这是导致老年人跌伤的重要原因，如道路、公共场所等处堆放物品，路面不平，楼道、过道光线太暗，照明不好，家内地面太滑或地毯不平等，都容易造成老年人摔倒。

5. 突然昏倒。如患有脑供血不足、体位性低血压、颈椎病、心源性晕厥、低血糖、甲状腺功能低下等症，都可能发生突然昏倒而跌伤。

6. 骨关节疾患。如骨关节病、髌骨软化，使双膝关节支撑力减弱，行走时会突然跌倒摔伤。此外，足跟痛也可造成老年人摔伤。

7. 服用药物不当。降压药、安眠药服用过量，降糖药使用不当，饮酒过量等，均可导致摔倒摔伤。

8. 睡眠不足，过度疲劳、思想不集中，都是老年人易跌倒摔跤的重要因素。

防范措施

老年人活动时，若家人和老年人自身加以小心注意，预防工作做得充分，就会减少跌伤和一些意外损伤的发生。

1. 创造良好的生活环境，室内外注意整洁，堆放的物品尽量保持相对固定，老年人每到一个新的地方，应尽快熟悉周围的环境，如洗手间的位置、路面状况、电源开关等。

2. 起床时不宜过猛，尤其在夜间上厕所，不可过猛坐起或翻身下地，也不可下蹲时间过久突然站立，以防发生体位性低血压，使脑部一时供血不足而晕倒摔伤。

3. 外出活动时，应穿合适的鞋子，鞋的尺码大小以舒适为宜，不能让脚受“委屈”，同时要系好鞋带。

4. 行走时注意力要集中，一步一个脚印，不急不慌，不抢先。

5. 尽量避开拥挤的人群行走，不要在乘车高峰时上下车。

6. 外出活动或旅游时，双手不要提过多物品，或背、扛过重物品。

7. 旅游前应事先检查身体。早期发现疾病，如心脑血管疾病、糖尿病、眩晕、骨关节病等，最好暂不要外出旅游。外出旅游前，积极进行健身运动，增强肌肉张力和应变能力。如果条件许可，最好有体力强健的子女陪伴，并要做好相应的应急措施。

烧烫伤　莫让饱受风霜的皮肤再受伤害

隐患与后果

最常见的是用暖炉、热水袋取暖被烫伤，或者由于稀饭、沸汤、沸水等泼溅烫伤，也有的是在洗澡、烫脚时被热水烫伤。

老年人烫伤的主要原因如下：

1. 老年人身体各种感觉器官退化，视觉、听觉和嗅觉都变得比较迟钝，容易掉入热水池或碰倒暖水瓶。

沈阳市一位65岁的贾大爷推着空三轮车经过三经街165中学附近一处供热井施工现场时，因没有看到警示标志，也没有改变行进路线，一不留神失足落入井中，被烫成重伤。

2. 老年人活动能力相对降低，平衡力差，容易端不平烫锅烫碗，导致热汤洒出来被烫伤。

广州市一位105岁的黄婆婆除了稍微有点耳聋外，精神矍铄、思维也很清晰。黄婆婆一直坚持自理生活，无论是走路、洗衣服都不要别人帮助，平时还喜欢煲点汤水。一次，老人煲自己喜欢吃的瘦肉汤时，双手没端稳汤锅，结果导致整锅热汤都泼到左小腿上。

3. 老年人对皮肤的感觉较差，对温度不敏感，容易因不能敏锐感知或控制不好温度，而导致洗澡或泡脚时被烫伤。

防范措施

1. 老年人在洗澡时应先放冷水再放热水，最好由家人试水温。如果不幸被烫伤，应立即用冷水持续冲洗 15 分钟以上，并用干净毛巾覆盖，再到正规医院做包扎处理。

2. 老人在泡脚时，最好让子女用手先试一下，以感觉不烫手为准，泡脚的时间以 30～40 分钟为宜，而且水深最好淹过踝部。另外，饭后半小时不宜泡脚，泡脚后不要马上睡觉。冻脚不能烫，有心脑血管病的老人泡脚也要谨慎。

3. 老人所使用的取暖物品温度宜低。所使用的热水温度、热水袋、电热毯温度都不宜超过 50℃。

4. 暖炉不能放置太近，最好买有自动熄灭装置的取暖器。热水袋质量要有保证，水温不能太高，装水不能太满。使用这些取暖设备应有家人陪伴。

5. 安全使用保健治疗仪，对老人要进行专业指导，详细阅读使用说明后方可使用。

6. 老年人被烫伤后应采取的自救方法：

（1）尽快脱去热液浸泡的衣服，防止热接触时间延长而加深创面。脱衣时注意先迅速脱去外衣，后脱去内衣，为保护受伤部位，避免脱衣时损伤创面，内衣与受伤部位紧贴时应用剪子剪开后脱去。

（2）就地寻找冷水源，可用自来水、井水、矿泉水等冲洗。根据具体情况，冬季与夏季冲洗时间要有区别，既要达到冲洗的目的，又要保暖。最终目的是降温且加速创面部位热的散发，防止创面加深，减轻受伤的程度，为后续治疗创造条件。

突发疾病　要做好有针对性的预防措施

隐患与后果

每当进入深秋后，昼夜温差逐渐加大，是多种疾病的高发期。特别是老年人由于脏器老化，功能减退，适应性差，抵抗力弱，更易发生疾病导致意外伤害。

目前造成老年人意外伤害的原因主要有突发心率失常、脑溢血、心肌梗死、高血压等心脑血管疾病，尤其在秋季气温变化较大的情况下，更易发病。

临床较多发生的是突发心率失常和脑溢血、心肌梗死等，前者事先并没有任何征兆，犯病时多为突然发作，常使人猝不及防。一旦发作往往来不及抢救便已经死亡，因此老人猝死的病例中，有80%的情况都是突发心率失常造成的。

而秋冬季是老年人急性心肌梗死发病的高峰期，主要是因为人体受寒冷刺激，引起血管收缩，血中纤维蛋白原增加，血液黏稠度增高，导致血栓形成。

2008年10月，家住义乌市城西街道某村的方大妈在田里干活时突然发病。闻讯赶来的老伴发现她的症状很像中暑，可刮痧处理后并没有效果。家人只好拨打120急救电话，在义乌市中心医院，方大妈被诊断出是心肌梗死突然发作。

此外，患有高血压、糖尿病等疾病的老人也要注意，年轻时也许不会在意这些疾病的存在，但随着逐渐步入老龄，患有这类疾病的老人，一旦受到外界事物的刺激，很容易引发合并症而发生意外。

防范措施

1. 专家提醒，家中有老人的家庭，家属应该注意老人的身体和心理健康，防止老人出现意外。

2. 在冬季，老年人需重视防寒保暖，根据天气变化，随时增添衣物、鞋帽等，以防寒邪侵袭。还要定期进行心血管系统体检，平时适当选用一些溶栓、降脂、扩血管和防心肌缺血、缺氧的药物。

3. 家属不能让老人独自居住或独自外出。对于高龄老人来说，意外的危险是时刻存在的，所以家属不宜让老人离开自己的视线。

4. 要照顾好老人的生活起居，并定期安排老人进行身体检查。还要经常提醒老人把常吃的药放在身边，犯病时可以尽快找到“救命药”。

5. 患有冠心病的老年人应该注意劳逸结合，不应长时间剧烈运动或劳动，这样才能有利于预防心肌梗死的发生。平时应注意避免激动和过度兴奋，并保证充足睡眠。不要吃得太饱，尤其不能大量吃含脂肪的食物，应戒烟并少饮酒。

6. 保持一个好心态。对高龄老人要经常进行心理辅导，让老人有一个好心态是防止意外发生的最好方法。

刀伤 老年人要切记老有不为

隐患与后果

被刀或其他锐器割伤是老年人生活中经常出现的又一大意外伤害，以老年妇女为多，且 80%在家中发生。致伤原因以从事家务活为主，如削水果、切菜或切冻肉时，其次为劳动时致伤，受伤部位以手最多。

西安市的一位老太太用水果刀削苹果，削到一半时，老人突然使了一下大力，结果刀尖顺势往前划去，老人的手掌被划出一条大口子，鲜血直流。从那以后，老人吃苹果都是洗干净了直接吃，再也不敢削苹果了。

这一伤害虽然不会对老年人的身体造成太大的影响，但是很影响老年人的心情，一旦被刀割破了手，老年人往往会认为自己不中用了。有的老人甚至会逞强，这样一来会造成更大的伤害。

辽宁省一位 65 岁的老人在接到女儿回家的消息后很高兴，从冰箱里拿出冻得结实的肉准备给女儿做一顿红烧肉吃。在切冻肉时，老人抡起刀砍肉时，一不小心刀走偏落在了左手上，顿时血流如注。女儿回来后对此心疼不已，不料老人却很长时间都沉浸在自己不中用的自责里走不出来。

老年人被刀或其他锐器划伤的原因主要有以下几点：

1. 老年人动作缓慢，面对刀或其他锐器的突然袭击往往来不及躲闪。

2. 在使用刀或其他利器时，老年人往往用力不均匀，一下用力大一下又用力小，很容易被刀弄伤。

防范措施

1. 老年人使用的刀具尽量不要磨得太锋利，老年人对自己用力的控制明显不如以前，因此，使用钝一点的刀具比较符合老年人的特点，虽然会费点力，慢一些，但比较安全。

2. 老年人削水果时，最好买特制的削皮用的水果器具，使用起来既安全又轻巧，切忌使用锋利的直把儿刀，避免用力不均划伤皮肤。

3. 做其他家务活时，老年人要少接触锐器，如刀具、铁丝、玻璃或其他的金属条片，避免受伤。

高处坠落　别再让父母爬高干活

防范措施

每当快过年时，几乎家家户户都要清扫卫生，很多家庭基本上都是老年人在搞卫生，尤其是登高清扫。然而，这看似平常的习惯性动作，对老年人却是一个巨大的考验，存在着安全隐患。此时，受年龄、体质等因素的制约，老年人很容易从高处坠落受伤。

2009 年 1 月，家住烟台市翡翠小区的何阿姨在家中独自登上梯子擦客厅吊灯上的灰尘，身体突然失去平衡，从梯子上重重摔了下来，当即动弹不得。幸好老伴及时回家，何阿姨被送往医院治疗。

2009 年 4 月 3 日，北京市海淀区西三旗悦秀园小区 4 层，一老人在擦玻璃时不慎坠至 2 层阳台的铁护栏上。物业人员爬上梯子将老人托住并拨打了 119，等到消防员到来才将老人救下。幸运的是老人仅左眼处有外伤。

此外，老年人患有一些心理疾病或者是老年痴呆症时，由于意识不清，容易发生高空坠落事故。

2008 年，一名 60 多岁的老人从贵阳市的达高桥上坠下，全身多处受伤，伤势严重。医生和赶去的民警发现老人的衣服上绣有其家属的联系电话，根据目击者的描述，医生怀疑老人患有老年痴呆症。

防范措施

1. 在没有安全保障的情况下，操持具有一定高度的家务，最好由子女或请家政服务人员代劳，老人则干一些力所能及的活，以免出现意外。

2. 家中有患老年痴呆症的老人，或者发现家中老人心理、精神等方面有疾病时，要避免老人独处，外出时一定要有子女或亲属陪伴。

被动物咬伤　不该亲近的时候不要亲近

防范措施

近年饲养宠物者越来越多，人畜共患病发生率急剧上升。很多老年人爱养宠物，这对健康不利，存在非常大的隐患。老年人体能差、反应慢，免疫力较低，容易受到病菌的侵害。此外，老年人还存在被狗、猫咬伤、抓伤的隐患，一旦感染狂犬病，死亡率近 100%。

老年人养宠物以养狗者居多。一些宠爱小狗的老年人，把狗当做生活伴侣和精神寄托，盲目相信狗通人性。然而，狗毕竟是兽不是人，常会翻脸不认人，将主人抓伤或咬伤。有的人存在糊涂想法，认为自己宠爱的小狗是健康的，其实不然。健康狗虽然没有狂犬病症状，但体内可能有狂犬病毒，处于“健康带毒”状态，咬伤或抓伤人后同样可以传播狂犬病，因此绝对不能存在侥幸心理。

据统计，哈尔滨市每年有近万人被宠物咬伤，在近万名受伤患者中，有超过一半的人都是被自己家养的宠物狗咬伤或抓伤的，所伤的部位多为裸露的手部、腿部和头部。在受伤的市民中，老人和孩子占了绝大多数，上至 80 多岁的老人，下至刚出生不到百天的婴儿，其次是妇女，成年男子被咬伤的比较少见。

有关专家分析认为，造成这种情况主要是因为老人整天待在家里，和宠物接触的时间比较长。孩子、老人多喜欢逗弄宠物，自身保护能力又弱，加上夏天穿得少，更易被宠物伤害。

一位老人家中并未养狗，一天在路边小公园看见另一位老人牵着一只小狗时，未养狗的老人就上前逗弄小狗，结果，小狗突然向其扑去，而牵狗的老人也因年迈力衰，无力制伏狗的发疯，眼看着逗狗的老人被狗大咬一口，鲜血直流。牵狗的老人一再道歉，并赶忙把被狗咬伤的老人送至医院，主动担负医疗费。

除了被宠物狗咬伤外，老年人还可能被猫、仓鼠、黄鼠狼等咬伤，只要被温血动物咬伤，就都有可能患狂犬病。

防范措施

1. 老年人在选择犬种时，最好选择温顺的、个头小一点的犬，还要注意毛的长度，短毛的狗易于清洁和梳理，适合体弱的老年人。

2. 有腰腿疾病的老人，遛狗时需要格外小心，不要让狗绳缠住自己的腿和脚，以免被绊倒。外出遛狗时，最好选择安静的场所。因为狗在喧闹的环境中容易烦躁和受惊，产生过度兴奋甚至狂奔的行为，可能造成意外事件的发生。

3. 天气炎热时，狗狗也变得烦躁易怒，此时，老年人最好减少抚摸狗狗的行为，以免被狗狗攻击。

4. 专家提醒：一旦发生被宠物咬伤等事件，应立即到正规医院救治。

5. 老年人喜欢养猫，同样不应过分亲密，防止被抓伤。宠爱小猫时，一定要预防猫抓病和弓形体病。小猫爪子抓人，轻者皮肤上留下伤痕、疱疹或小面积溃疡；重者可有低热，抓破部位附近淋巴结肿大，这在医学上称为猫抓病。这种病主要是衣原体感染所致。另外，猫体内有弓形体包囊，通过猫的排泄物污染环境、食物和水源，使人得上弓形体病。

户外锻炼　选择适合老年人的运动

隐患与后果

现在喜欢体育锻炼的老年人越来越多。尽管大多数人运动项目强度较小，但不正确的锻炼方法仍导致许多疾病，特别是软组织损伤。因为老年人的软组织退化较快，且损伤后不易恢复，此外，一些高强度的锻炼也会给老年人造成伤害。

辽宁省沈阳市64岁的卜大爷家住在沈河区的五爱市场附近，每天老人都要到南运河岸边的运动器械场锻炼。这天，老人像往常一样来到单杠前锻炼身体，没想到老人手中紧握着的单杠突然断裂，老人重重地摔倒在地，顿时血从后脑部流出，随之昏迷过去。老人随后被送往医院，头部缝合了5针。

防范措施

1. 不要制订太机械太严格的锻炼时间和太高的目标。老年人进行体育锻炼，贵在参与，要求太高太苛刻反而流于形式，不利于强身健体。

2. 不要超过自身的承受能力。老年人的体能、素质、承受能力不可与青壮年相提并论。锻炼时一定要掌握好分寸，因人而异，一般以 15～30 分钟为宜。

3. 不要选择过于偏僻或繁华的地点进行锻炼。锻炼地点宜在离家较近且附近有良好通信、交通条件的地方，以便有事时能及时求助或报警。

4. 不要在思想高度紧张和情绪剧烈波动时进行锻炼。

5. 不要做快速和变化过猛的动作，如跳跃、倒立、滚翻、冲刺等，这些极易损伤老年人的筋骨，甚至会发生意外事故。

6. 应以“练”为主。在身体情况允许下，可进行表演赛，但运动负荷不能过大，并要有全面的医务监督。绝不可不顾老年生理、心理特点，争强好胜，轻率拼搏。拼搏会引起老年人情绪上的过多激动，心理上的过度紧张，血液循环、呼吸、内分泌等急速改变，极易诱发事故。

7. 晨练前先饮一杯凉（温）开水、淡盐水或蜂蜜水。人经过一夜睡眠，已从皮肤和呼吸器官散发了一部分水分，加之尿液的形成，使机体相应缺水。如果晨练前不先饮点水，会使呼吸节奏加快，皮肤毛孔扩张，汗腺分泌增强，引起显性或不显性出汗，可加重人体的缺水程度。因此晨练前应先饮水，有利于身心健康。

使用家用电器　多向子女请教

隐患与后果

越来越多的家用电器走进了老年人的生活中，这些电器在给老年人的生活带来方便的同时，应看到，有些家用电器也存在着安全隐患，容易给老年人带来伤害，严重时会有致命的危险。

老年人使用家用电器带来的安全隐患主要来自两方面：

一方面，坚持使用超龄电器。老年人都有勤俭节约的美德，“新三年、旧三年，缝缝补补又三年”的观念深入人心。在使用家电的过程中，他们都抱有“不坏不换”的想法，结果，这些看似还能用的家电其实存在着严重的安全隐患，漏电，爆炸，由此引发安全事故频频曝光。

日本东京的一对老夫妇因电风扇起火而被烧死，事后调查发现，这台起火的电扇已经使用了多年，早已过了安全使用期。

安徽省合肥市的一位老人在使用电热水器洗澡时，因电热水器漏电而触电，虽然被家人及时发现并送医院抢救，但最终还是抢救无效死亡。后经鉴定发现，这台电热水器已经使用了 12 年，属于超使用年限的高龄电器，事故发生的原因就是里面线路老化而导致漏电。

另一方面，一些家用电器并不适合老年人使用，在使用过程中会给老年人带来危害。这类电器主要有：

(1) 耳机。一些老年人喜欢在晨练和傍晚散步时，手拿收音机，头戴耳机，边走边听。实际上这种习惯不仅不科学，而且非常有害。因为老年人的听力本来就有所下降，耳机是贴在耳道口发声的，对其听力系统的损害要比年轻人更大。另外，由于老年人反应相对迟缓，外出戴耳机还容易引发交通事故。

(2) 浴霸。冬天天冷，洗澡时，使用浴霸取暖既方便又舒适，但是对于老年人，却又另当别论了。因为浴霸多采用红外线取暖，一开浴霸，屋里就像开了几盏数百瓦的灯泡一样。老年人的视神经比较脆弱，长时间在如此大功率灯泡的照射下，对视力的影响很大。而洗完澡之后出来，特别是晚上，老年人由于适应能力比较差，会感觉很多地方漆黑一片，加上反应相对迟缓，一不留神便会磕着碰着，影响安全。

防范措施

1. 作为子女，应及时检查老年人使用的电器是否超龄，如果发现超龄，要耐心地说服老年人更换新电器，或者可以自己掏钱购买，然后作为礼物送给老年人。

2. 给老人购买家用电器时，最好选择功能单一的，以简单化、大字化，或者说“傻瓜化”为标准。

3. 老年人尽量不要使用不合适的电器，如耳机、浴霸等。洗澡时最好选用更安全的暖风机。

药物伤害　别让经验害了您

隐患与后果

老年人由于身体各个器官衰退，抵抗力下降，导致各种慢性疾病找上门来。因此，老年人的生活中往往备有各种常用药，殊不知，这种本是用来预防或治病的药物对老年人却存在着隐患，成为造成老年人意外伤害的一种因素。

1. 老年人有病一般不愿意去医院，而是根据自己以往的经验随便吃点药，造成的结果是表面看似控制了病情，实际上却贻误了病情，甚至因用药不当诱发其他疾病。

重庆市万州区百安坝的一位71岁的老人到医院体检时，结果吓了他一跳：肝功能化验报告的第一项显示谷丙转氨酶比正常值高出6倍多。老人赶紧住院治疗。让老人大惑不解的是，自己只是血压有些高，其他身体指标一直很正常，怎么突然就得肝病了呢？同样困惑的专家详细询问了老人的病史，以及用药史和各项检查。原来，老人的老伴是高血压，一直在吃降压药，老人以前体检时也曾发现自己血压高，但不是太高，所以也就没去找医生诊治和指导，只是在感到头晕时自己在家量量血压，如果高了就吃一点老伴的降压药，就这样吃了大约半年时间。最后，专家根据老人的叙述，诊断出他患上的是药物性肝炎，罪魁祸首就是吃了半年的降压药。

2. 吃药时，不按规定用法、用量吃，往往是“一把吞”。

美国研究人员最新统计发现，美国老年人中普遍存在吃药“一把吞”的现象，对他们的身体造成了很大伤害。据统计，美国有超过半数以上的老年人，同时服用5种或更多的处方药、非处方药和保健品。65岁以上的美国老人中，每年因药物不良反应被送进急诊室的超过了17.5万人。我国老年人混合用药情况同样不容乐观，“一把吞”的确会带来很多隐患。

中国住院老人中同时有3～4种并发疾病者占50%以上。由于多种慢性病缠身，老人们经常同时服用多种药物，无形中就增加了药物的不良反应。

防范措施

1. 老年人感到不舒服时，一定要去医院诊治，切不可根据自己的经验胡乱吃药。也不可以看别人用某种药治好某种病便仿效之，忽视自己的体质及病症差异。

2. 老年人有病不要“乱投医”，尤其不要乱用秘方、偏方、验方。那些未经验证的秘方，无法科学地判定疗效，全凭运气，常会延误病情甚至造成身体损害。此外，用药不要“跟着感觉走”，今天见广告说这好，便用这药；明天见夸那，又改用那药。多药杂用，不但治不好病，反而容易引出毒副反应。

3. 老年人一次不要同时服用多种药。老年病人服用的药物越多，发生药物不良反应的机会也增多。此外，老年人记忆欠佳，大堆药物易造成多服、误服或忘服，最好一次不超过 3～4 种。

4. 吃药时，要按医嘱吃，千万不要图省事“一把吞”。临床用药量老年人应相应减少，一般为成人剂量的 1/2～3/4 即可。

5. 子女应主动关注父母的身体变化，带其去医院体检看病，叮嘱老人吃药，定期检查老人的药箱，清除过期药品。

第十四章

谨防这12个针对老年人的骗局

本章主要讲述针对老年人的骗术。据公安部门统计，老年人已成为团伙诈骗首选的目标。近年来，各地发生的诈骗案，主要针对目标都是老年人。有很多地方针对老年人的比例已经超过了全部诈骗案件的50%。这些可恶的骗子，轻则让老人损失几百元的钱财，严重的则往往会达到几万、几十万元，让老人倾家荡产，甚至闹出人命！老年人手里都或多或少的有一些“养老钱”，骗子会抓住老年人关心儿女的平安、家人的健康这一弱点进行施骗，如谎称老人儿女有灾难、可帮助免灾等；或者抓住部分老年人想发财的念头，如电话中大奖，或者打着“钱生钱”的幌子进行非法集资，这些骗术对老年人的身体、心灵伤害都很大。

血光之灾骗局　谎称家人灾祸临头

隐患与后果

连云港市海洲区一位年已70岁的黄老太在一家超市购物后正准备回家，突然被一黄衣女子拦住，向她询问一位姓陈的神医。黄衣女子愁容满面，泪水满眶，声称自己的两个孩子三天前从楼上摔下，一个当场摔死，另一个至今高烧不退。听人说海州有位姓陈的神医能医治百病。听完黄衣女子的叙述，黄老太唏嘘不已。这时，旁边一名黑衣妇女凑了上来，问黄衣女子是不是找神医的，说神医医术很高，自己患脑血栓多年的婆婆就是陈姓神医医好的。黄衣女子一听有神医的消息，紧紧扯住黑衣妇女的衣服，死活让她带自己去找神医。出于好奇和同情，黄老太也帮着说话，让黑衣妇女一定要帮忙救救孩子。最后，两名女子拉着黄老太一道去海州。

行至海州法院附近，黑衣妇女手指前方一中年男子，说他就是陈神医。哪知“神医”一见面就说黄老太家孩子有难，三日之内会有血光之灾，只有破财才能消灾。说罢，还神秘兮兮地塞给黄老太一个纸团，让她到某某地方烧掉，且途中不得回头。黄老太依“神医”所言，把身上仅有的400元现金连同金戒指、金耳环一起塞给了他。黄老太按照“神医”的交代，将纸团烧掉。

回家后，黄老太越想越不对劲，便拉上老伴回去找“神医”，可哪里还有“神医”和两名妇女的身影？无奈之下，黄老太只好去派出所报案。

贵阳市一位老太太带着孙子在楼下玩，这时，来了两名男子围着老人转了两圈，凑上前说老人家里的子女最近将有血光之灾，必须要“作法”才能解除，需要借2000元钱“作法”，作完法后，再将法师包好的钱放在枕下三天三夜。老太太一听儿女有灾，吓呆了，赶紧回家拿钱作法。三天后打开纸包，骗子早把钞票换成了废纸。

多数骗子往往会把目光盯向老年人，采取一些诸如“祛病消灾”、“大仙治病”等伎俩。骗子专盯老年人下手，利用老年人笃信迷信、贪图便宜、爱子心切等心理行骗。

防范措施

专家提醒老年人，千万不要和陌生人过于亲热，以免上当受骗。独自外出时尽量不要带贵重物品在身上。如果遇到热情的陌生人上前搭讪，千万不能将身上值钱物品交给他人。老年人还应尽可能多看一些有关防骗的知识，提高自身的防骗能力和自我保护意识。

子女出车祸骗局　一定要多方核实信息

隐患与后果

2009 年 7 月，重庆市涪陵区判处了 5 名冒充外交部工作人员专骗留学生家长的犯罪分子。犯罪分子交代，他们先向在外留学的学生打骚扰电话，迫使其不敢开手机，再冒充交警、医生或外交部工作人员，给学生家长打电话，谎称该学生遭遇车祸，骗走多名学生家长共计 9.9 万元。

天津市的杨女士突然接到一个陌生电话，对方说杨女士的孩子在北京市海淀区发生车祸，需要做开颅手术，不然就有生命危险。杨女士一听就慌了，因为她的孩子正面临大学毕业，经常外出找工作和实习，而且打电话的人连孩子的父亲、母亲的姓名都说得丝毫不差。之后，杨女士在同事的提醒下及时联系了自己的孩子，确认孩子并没有发生车祸，才知道这是一场骗局。

谎称子女出车祸是针对老年人的一种骗术，骗子充分利用电话、网络等一系列高科技的东西。骗术通常如下：

打电话给老年人，然后自称是其子女的同学或同事、医生、交警等，接着告诉老年人某某因车祸受伤住院，急需一笔手术费用，速汇款过来。

在此骗术中，老年人之所以容易上当受骗，是因为他们爱子心切。只要提到是其子女出事，大多数的老人都会变“傻”了，一下子不知道该怎么办，只想着汇钱救人。

此外，骗子还会接二连三地冒充同学、医务人员，如果都不上当，他们还会冒充公安人员，一再强调时间的紧迫性，这样，别说是老年人，就是年轻人或是再多些亲友也会上当的。

防范措施

面对这种骗术，老年人一定要稳下心来。骗子是抓住了事主家属因过度焦急而极易轻信上当的心理。在接到此类告急电话时应做到以下几点：

1. 不要盲目转账汇款，先确定对方的身份是否属实，详细地询问有关子女出事前后的详细情况。这样，骗子就会防不胜防，心里开始紧张起来，语无伦次，只会一个劲地催着汇款。

2. 向对方询问孩子住院的医院的电话，住院的科室。然后通过 114 查询该医院的电话，通过电话询问自己的孩子有没有住院。

3. 骗子一般施骗的时间只有两三个小时，或者四五个小时，因此，给儿女的多个朋友，多方面打电话核实，就会揭穿骗子骗术的。

4. 现在百姓的生活条件普遍比较好，几乎每个在外读书的学生都有手机。为了自己子女的安全，平时注意把孩子比较要好的几个同学的手机号码记下来，以便当自己有急事找不到孩子时给他（她）的同学打电话。

5. 专定提醒：如果有陌生号码来电，老年人最好不接，以免上当受骗。

中大奖骗局　千万不要贪便宜

隐患与后果

67 岁的许老伯现在奉贤新寺康复院疗养。一天，老人接到一个陌生电话，对方告诉他“中了大奖，奖金数额高达人民币 12.8 万元！”许老伯高兴坏了。但是，对方又说要想领奖金先得“速汇 980 元手续费”到指定的邮政储蓄账号上。就这样，兴奋的许老伯先后两次来到附近的邮局给对方汇出近五千元。事情本该就此结束，然而，几天后，当许老伯再次来到这家邮局准备汇款 1.5 万元时，他的行为引起了邮局工作人员的怀疑！当阻止老人无效后，他们想方设法找到了老人的家人，并拨打了 110 报警。待民警告诉老人：“您这是碰到了骗子！”时，许老伯才恍然大悟，后悔不迭。

“中大奖”的信息多是以信函方式，直接投递到老年人的家里或通过手机短信发送。内容多为“恭喜您成为某活动的获奖者”，奖品要么是几万元甚至十几万元的现金，要么是价值数万元甚至数十万元的汽车等。当兴奋不已的“获奖者”打电话过去询问时，被告知领奖时要先向活动主办方的账户上汇入一定数额的资金作为相关费用。待领奖者将钱汇入对方账户后，对方会突然失踪，再也无法与其取得联系，更别说如何找其领奖了。

防范措施

1. 对于这种来路不明的“中大奖”信息，老年人一定不要相信，盲目汇款，以免上当受骗。

2. 即使您参加某一有奖活动，当对方通知您需要交清各种手续费时，老年人就要当心了，提防掉进中奖陷阱。因为根据国家有关规定，抽奖式有奖销售的奖金不得超过 5 000 元，中奖公证一般在开奖单位开奖时介入，公证费也由举办单位支付。

3. 如果是彩票等中大奖，国家征收的税是很高的，一般都是 20%左右。所以大奖的税款都在几万以上。如果您的确中奖了，也要和儿女一同去办理。

集资骗局　投资前请子女把关

隐患与后果

2006 年 4 月，黑龙江新润丰生物科技有限公司广州分公司在广州大道北新达城广场南座 1001 室成立。自成立之日起，他们大肆宣传公司总部在哈尔滨双城经济开发区，拥有商务酒店、电器城、菌肥厂等实业，吹嘘公司即将挂牌上市，向社会进行股权转让，诱惑老人投资。至 2007 年被公安机关查处，该公司公开募集资金 2 900 多万元，涉及群众达 500 多人。

广州市鼎湘生物科技有限公司法人曾文胜注册广州市鼎湘生物科技有限公司后自任总经理，亲自操盘带领一伙人诱惑老人投资，在诈骗老人数百万后于 2008 年 12 月 6 日晚上，公司消失，人去楼空。

目前，非法集资公司如雨后春笋般冒出来，有大批老人用自己的养老钱进行所谓的“投资”。这些针对老年人的集资骗局之所以屡屡成功，是因为老年人手中都有或多或少的“闲钱”，他们具有较强的投资欲望。

2008 年广州市列出了一张涉嫌非法集资公司的黑名单，这些名单上有一半以上的公司已经出事，或不能兑现承诺，或已经人去楼空。被骗后留给老年人的只能是一个凄惨的晚年！

防范措施

1. 不要相信“天上会掉馅饼”。实事上不需要操心费力的投资项目是不存在的，貌似高回报的背后蕴藏的绝大部分是高风险。

2. 如果发现一个项目的参与者多数为老年人，就需要加倍小心。

3. 老年人碰到有陌生人以“高额回报”推销产品或项目时，在掏钱之前应多和家人沟通，避免上当。

4. 参与社会集资活动，应该审查集资主体的资格和行为是否合法，而不要轻信“高额回报”。

捡钱骗局　天上不会掉馅饼

隐患与后果

2008 年 6 月28 日下午，浙江省台州市三门县城的赵大妈骑着自行车行至海游青蟹市场转盘处时，一个小伙子喊住了她，“大妈，是不是你的钱掉了?”赵大妈停住车，回头一看，车轮底下躺着一沓百元大钞。

“不是我的。”赵大妈回答。小伙子赶紧捡起钱，说见者有份，要是失主跑回来，让赵大妈别说出去，到时候钱两人平分。此时，跑来一中年男子，神色紧张地问：“有谁捡到我的钱?”小伙子对着赵大妈使眼色，并摇摇头。等中年男子走后，小伙子说，“大妈，前面有条小巷，我们去那分钱。”赵大妈跟了去。

很快，中年男子也追至小巷，一口咬定钱是他们捡的，并要求搜身。为证明清白，赵大妈拿出自己刚从信用社取来的 4 000 元现金。中年男称这不是他的钱，小伙子借机接过钱将它装入一个黑色塑料袋交还赵大妈，并说自己去和中年男子验证一下没有捡到钱，要求大妈在原地等他。两人走后，大妈打开袋子一看，发现里面装的竟是一沓白纸。此时，两个骗子早已不知去向。

这个骗局中的骗子利用老年人爱贪点小便宜的心理特点，才屡屡得逞！这个骗局诈骗数额并不大，但是成功率却非常高。骗子一旦得逞后，会立刻开溜。

防范措施

如果中老年朋友遇到类似情况，不要盲目相信对方。争取定睛看、稳住神、莫贪财，让自己有个充分的思考时间。在这个案例中，如果曾经上当的老年朋友当时认真思考或者调查清楚的话，就会发现骗子的几个漏洞：

1. 丢钱的人如果真丢了钱，肯定会仔仔细细地查问和寻找，不会草草问一两句就罢休。

2. 捡钱者如果真捡到了外财，就算有人看见，也会立刻逃走了事，大可不必给发现他的人分一半钱财。其实这是在引人上钩。

3. 切不可被假象所蒙蔽，应该仔细查看捡的钱财是否是真的。

4. 最关键的是：只要不贪小便宜，就不会陷入这类骗局中。一定牢记：天上不会掉馅饼，贪小便宜吃大亏！

电话欠费骗局 请到电话局核实

隐患与后果

目前，老年人家中都装有固定电话，本来是为了安全，方便联系子女和亲朋好友用的，可是，这固定电话竟然成为骗子诈骗的工具。这让老年人防不胜防，而且受骗金额巨大。

2008 年 12 月 17 日上午 9 点，杭州西湖区求是新村的李奶奶突然接到一名陌生女子的电话，对方自称是杭州电信服务电话 10000 号的工作人员。对方告诉李奶奶她家的固定电话欠费 2 000 元，李奶奶觉得奇怪，说我没有欠费啊，她连忙说“那帮你核对一下”，就挂了电话。

不一会儿，对方电话又过来了。对方告诉李奶奶有人在广州冒用她的身份证办了一张招商银行卡，并和她的固定电话绑在一起，造成电话欠费。李奶奶一听急了，莫非真的被人冒用了身份证办卡欠费？对方安慰李奶奶不要急，让她拨打“广州市公安局”的电话报警。

很快，电话转到了“广州市公安局”。电话里一个男的自称姓黄，他说最近这类案子多发，还说李奶奶的身份信息已经泄露，有人利用她的身份在洗黑钱，李奶奶一听就着急了。

听到李奶奶着急的声音，“黄警官”建议：“你卡里的钱现在不安全了，不过你放心，你赶紧把钱汇到公安局专用账户上，我们会暂时把你的钱冻结，等案子查清后，再把钱打回还给你。”

就这样，李奶奶在“黄警官”的指点下，把卡里的钱汇了过去，第一次是10万元。一个多小时后，“黄警官”又来电，要求李奶奶把钱全部汇过去才能冻结账户，老人又到银行汇去了10万元。

前后一共汇了20万元，李奶奶一点都没怀疑。直到当天下午4时30分左右，李奶奶再次接到“黄警官”要求汇款的电话，才意识到上当受骗了，急忙向玉泉派出所报案。

这类诈骗电话都是以接到“电信局”的“欠费通知电话”开始，嫌疑人在通话中套取当事人姓名、存款等重要信息，随后又以当事人与“电话捆绑的银行卡”涉嫌参与洗钱为由实施诈骗。老年人一旦上当受骗，通常会损失巨大的钱财，后果可想而知。

防范措施

1. 老年人独自在家接到类似的电话时，千万不要受对方的诱导，要静下心来，告诉对方“电话是儿子或女儿安装的，你可以打电话通知他们。”或者告诉对方“我打电话向我儿子问清楚核实一下。”如果对方接二连三地打电话，您就可以报警了，这肯定是一起骗局。

2. 接到该电话后，千万不要按着对方提供的号码回拨过去。正确的做法是先挂断电话，然后再拨打电信局的客服电话或者公安局的电话，也可以直接打电话给子女，让子女处理，或者识破骗局，根本不去理会。

换零钱骗局　钱虽不多坏心情

隐患与后果

60岁的王大妈从某银行取款出来，路上碰到一位中年妇女，该妇女称自己忘记带零钱，身上只有百元票额的整钱，要王大妈换300～500元的零钱给她。王大妈信以为真，当即掏尽身上所有零钱同中年妇女换取整钱，待王大妈产生疑问去银行鉴定真伪时，中年妇女早已逃之夭夭，结果换了假币上当受骗。

西安市75岁的付大爷在一个流动摊贩处买了2元豆角，付钱时，小贩看到付大爷手里只有一张5元和一张100元的钞票，于是很热心地提出可以替老人换开100元，付大爷没多想便递上100元。小贩在兜里翻了半天，然后又递回100元，说他的零钱凑不够。于是老人重又掏出5元钱支付菜钱。找零后，付大爷又到离此不到100米的商店买面包。当他再拿出100元钱付款时，却意外地被商店售货员告知拿的是假币。而付大爷拿着100元假币回头找卖豆角的小贩时，小贩早已经消失得无影无踪。

以假的整张人民币换取真百元人民币或真零钱，这是近年来骗子专门针对老年人设的骗局，虽然数目不多，但老年人受骗的概率却很高。老年人热心，且视力不好，反应慢，这都是骗局得以成功的因素。受骗后，老年人的身心都会受到伤害。

防范措施

1. 老年人上了年纪，身体、头脑、视力各方面反应较迟缓，遇到这种在街上兑换零钱的情况，千万要当心，一定要找到熟悉的朋友帮助鉴别钱币的真伪再换，或者躲开这种骗局。

2. 独自到街上散步的老年人尽量不要携带过多的金钱。

陌生人敲门骗局　坚决不给陌生人开门

隐患与后果

某市的张大爷正坐在家里看电视，突然有人敲门。张大爷隔着猫眼一看，是个小伙子，自己并不认识，就问："你找谁呀?"对方自称是张大爷对门邻居的亲戚，亲戚家没人，他想借老人家里的笔和纸用一下留张条。张大爷想想平日里和对门都认识，于是就开了门。可谁知进门后的小伙子却突然变得凶神恶煞，还掏出一把明晃晃的刀，逼迫张大爷把家里的现金和值钱的东西都拿出来。张大爷没办法，只好走进屋，把自己的积蓄和家里存放的值钱的东西都拿了出来。

这类骗局骗人的手法不是很高明，但是却往往得逞。原因是，骗子们伪装成文质彬彬的人，说话也比较客气，还懂礼貌，容易打消老年人的警惕性。老年人一旦开了门，后果就不堪设想了。他们威逼诱骗老年人，甚至还会动手，逼迫老年人快速拿出财物来。这样，被骗的就不是几百元钱，而是抢劫一空。如果遇到老人反抗还可能会下毒手，图财害命！得逞后，骗子会立刻消失。

防范措施

1. 对自己不认识的、找上门来的家庭成员的关系人，切不可轻易开门，要认真了解来人身份，向家庭成员进行必要的核对。如果是找邻居的，要让他说出邻居的基本情况。假如没办法了解情况，完全可以置之不理，或者来个“倚老卖老，假装糊涂”。

2. 对上门“化缘”的陌生人不要轻信。当有意捐款时，应通过正规渠道联系捐款。

3. 如果有特殊情况确实需要给陌生人开门让他们进屋，并且家里只有自己在家时，要编造一个理由，让陌生人感觉到老人不是孤立的。例如，可以说我的孩子正在屋子里睡觉，我们说话要小一点声音；或者说我的孩子出去买东西了，一会就会回来等。

4. 此类骗局如果施骗者进入老人家后，还有进一步转化为暴力抢劫、杀人的可能，所以老人一定要高度警惕。

路边促销骗局　买家永远没有卖家精

隐患与后果

浙江省的一对老夫妇在街上闲逛时，碰到电器促销活动，满 200 元就可参加抽奖一次，奖品同样也是现场的电器。见周围有不少人在挑选，老夫妇也动了心，挑选了一台洗衣机，抽奖后竟然抽中了一台微波炉。然而，买回家的两件电器只使用了一个星期就陆续出了问题，打电话给厂家来维修。厂家到来一看才发现这些都是返修过的旧货重新换了新壳，并不在厂家维修范围之内。

“有奖销售”的促销手段是一些假冒伪劣商品常用的销售手段，对老年消费者有很大的吸引力。实质上是在利用老人的侥幸和贪小便宜的心理对其进行错误引导，使其偏离消费本意，给这些老年人造成不必要的心理负担和经济上的损失。

一些伪劣商品的商家，以大搞抽奖、买一赠一、返还部分货款的方式，引诱老年人前来购买。一来老年人对新型商品了解少，再加上商品种类繁多，二来同样的商品，老年人一听“买一送一”、“返还奖券”就动了心，以为是占了便宜。实际上，这些商品的实际价值远远不值这个价，或者这些商品的价格已经包含了赠送的商品。等买回家后，用了一段时间，才发现是伪劣产品。

防范措施

1. 老年人购买家用电器等大件商品最好到正规商场去买，如果质量有问题可以凭发票到商场进行调换或退货，也可以享受厂家的保修服务。

2. 老年人购买大件的家用电器或生活用品时，最好找子女陪同购买，以防劣质商家以促销、降价等手段蒙骗。

3. 对于其他促销商品，老年人也要谨慎，记住一点：买的不如卖的“精”！

免费义诊骗局　免费的背后多是利益

隐患与后果

随着人们生活质量的提高和健康意识的增强，老年人消费目的也正由防病治病扩大到抗衰老、益智、美容等多种需求，于是一些不法商人盯上了老年人的这种日益增长的保健需求，打出极具人性化关怀的“亲情牌”，用免费义诊、健康讲座为诱饵，巧设各种“迷局”进行欺诈。

骗子之所以屡屡得手，是因为大多数老年人处于孤独状态，子女常不在身边，缺乏情感交流和支持，而骗子的“感情通关”战术，很容易突破他们的心理防线。老年人由于消息闭塞，防范意识薄弱，专业知识少，在骗子精心“引导”下，很容易走进陷阱。此外，老年人爱面子，他们虽然不在生活或物质条件上与人相比，但很容易在家居设施、子女成长等方面攀比，并且上当受骗后也不好意思说出口，不能彼此互相警告。

2008 年 11 月 5 日，上海市虹口区曲阳路的温阿婆因轻信免费医疗讲座上的宣传，被骗去了积攒 11 年的救命钱近 15 000 元，追讨无门。

2008 年 11 月 1 日，温阿婆在曲阳路上看到有两名外地男青年正设摊义务测量血压，心脏不太好的她便请对方帮忙检测。对方查看后表示温阿婆的血压不稳，眼睛也有白内障，称第二天在天潼路会有一场免费医疗讲座，邀请沪上大医院的专家教授为市民义诊，还自称是医学院的大学生，目前正在进行社会实践。温阿婆想到自己与老伴的身体都不好，就答应了第二天去听讲座。第二天一早，温阿婆与老伴同另外 3 名市民登上了对方的面包车，随后便被带到了天潼路一幢老楼房 3 楼的会议室内，刚进门迎面就走来一名手提药品的女子，称之前吃了疗效不错，今天再来买一些。而当时在会议室内已经聚集了 40~50 名中老年人。

在对方的安排下，众人先后进行了量血压、眼科常规检查等。一个“专家”告诉温阿婆，她的病情都很重，一般药物无法根治，必须要服用他们的药物才能治愈，同时，之前的两名“大学生”也围了上来，称价格可以优惠。一时间，温阿婆把对方的药品看成了自己与老伴的救命药，糊里糊涂地就答应了购买。

之后，这些老年人集中观看了一部资料片，介绍由部队研制供中国宇航员服用的一种名为“钙唯康”的药品，售价 900 元/盒。

随后，两名“大学生”热情地陪同温阿婆夫妇回家取钱，最终温阿婆拿出积攒 11 年的救命钱近 15 000 元，购买了对方 3 个月疗程的药品。

防范措施

1. 老年人不要轻信保健品有特殊功能。保健品并不存在药效的功能，医疗器械也只是对疾病的诊断治疗起辅助作用，使用不当还可能引发更多疾病。因此，老年人如果遇到有人推销保健品和医疗器械，不要听推销人一面之词，更不能贪小便宜。有些所谓的“保健品”违规添加西药成分，甚至激素，对人体危害非常大。如果真感觉身体有不适的地方，最好还是到大医院进行检查，然后到正规药店和商店购买有保证的品牌产品。

2. 老年人应多看一些有关医疗卫生知识和法规的书，增强识破骗人医疗广告的能力。关爱自己的身体，应慎重再慎重！

3. 识别“免费义诊”的骗术：

招数一：“义诊”开始时忌讳“说钱”。工作人员在散发宣传单时，一定会强调[illegible]国际先进仪器，而且是免费的，到大医院去要花费几百元，这是“诱人”的关键。

招数二：“义诊”吸引中老年人还有一个重要手段——免费赠药。采取先用后买等方式，赠用一两天的药，用后感觉有效再买，以消除老年人的戒备心。等大家真正购买时，会告知要达到实际效果需要 3～4 个疗程的药，诱导患者多买，等服用 2～3 个疗程发现没有效果时，“义诊”者往往不知去向。

招数三：“义诊”组织者，花钱收买一些“患者”作“托儿”，现身说法，夸大宣传，欺骗患者，达到广告促销效果。

招数四：“义诊”组织者重金雇大夫，天花乱坠地介绍产品的功能和疗效，想方设法将患者的小病说成是重症，此病说成彼病。然后，“对症下药”开出几个疗程的用药，让患者心甘情愿地掏钱买药，至于疗效怎样就不得而知了，何况这种“流动义诊”打一枪换个地方，即使想投诉，连对象都找不到。

免费赠药骗局　免费之后就会要钱

隐患与后果

家住华山路附近的王女士、朱先生等人收到了两个女青年散发的“苹旨胶囊大赠送入场券”，地点在华山宾馆。介绍该胶囊能治疗高血压、高血脂、高血糖、颈椎病等 21 种病症，并注明听完课将免费赠送价值百余元的药品。近百名老人如约来到宾馆，两名男青年给大家讲授了苹旨胶囊成分、药性和作用等。连续讲了 4 天。到 10 日，这俩男青年提出先收押金，交的钱越多，领的药品越多。有十几名老人交了押金，其中交 1 500 元的有 6 人，其余均为 300、500、600 和 1 200 元不等。11 日当他们来取回押金时，被服务员告知俩男青年已结账走了！

这是骗子精心设计的一场骗局，骗子们通过前期的免费讲座和宣传，打着免费赠送的口号，以收取押金为借口，来骗取老年人的钱财。

老年人之所以被骗主要有以下几个原因：

1. 认为药这么贵，交点押金，过后退还，自己并不吃亏。

2. 骗子在施骗时，往往都会精心选择地点，选用酒店，或临[illegible]办公场所，显得很气派，老年人觉得跑了和尚跑不了庙，放松了戒备心[illegible]是心甘情愿地掏出了钱。

3. 更多的时候，老年人觉得那么贵重的药都赠送给他们，附[illegible]点费也是应该的，岂不知这正是骗子的高明之处，实际上，这些都是过期的[illegible]品或者是假药，根本治不好所宣传的病。

此外，骗子的另一种赠药骗局是，先免费赠好药，然后诱导老年人买假药，最后牟取高额利润。

王老先生在小区里看到一群人正在宣传一种治腰腿痛、关节炎的特效药，说对于久治不愈的病症，3 盒就能治愈，并且开展免费赠药活动。他领了一小袋，回家涂在腿上有点儿发热的感觉，他想可能会起到治病的作用，便花 700元买了 10 盒，用完后发现根本不管用，腿还照样疼。后来，他仔细一看外包装，才发现包装上连生产日期和生产厂家都没有注明。

防范措施

1. 不论对方以何种名义赠药或者卖药，只要是新药，并且药效被对方说得非常神奇，老年人就要提高警惕了。因为真正效果神奇的药品，即使厂家或者销售方不去宣传，国家也会去大力宣传，根本不会让其流落街头。

2. 遇到义诊如不能确定其真伪，首先问清对方的举办单位，然后通过 114 查询该单位电话。打电话询问有没有该类活动。

3. 有人以公司名义索要钱财时，就要提高警惕，暂时不要掏钱。可以通过工商局等查询其真伪。

4. 记下所赠药品的名称，打电话到卫生部门，核查真假，或者在互联网上搜索国家药监局查询其药品批号，如果不会查询，可以让家人或亲属邻居帮忙。

地摊卖名草药骗局　好东西不会沦落地摊上

隐患与后果

地摊卖名草药的骗局通常是团伙作案，他们在医院、市场、超市或人较多的地方物色中老年人或病患者下手行骗。手法是采用“唱双簧”的形式，诈称有“海底珍珠”、“东海灵药”、“冬灵王”、“东羚羊”、“西藏王”、“灵芝草”等珍贵药材进行诈骗。骗子们利用老年人投医心切、投机的心理，不断地变换花样儿，引诱老年人上当受骗。轻者花钱买假药，严重时还会导致生命危险。

大兴安岭呼中区呼中镇的一位老太太带着 700 元钱来到哈医大一院看病。在等待看病的时候，她到哈医大附近的鞍山街溜达，看到一伙人在抢购一名中年妇女卖的“草药”。旁边一男子说，他的家人就是吃这种药治好糖尿病的，价格还不贵。老太太没多想就拿出仅剩的 400 元钱买了“草药”。这时一对夫妻赶到鞍山街寻找卖“草药”的人。这对夫妻说，医生看到这种药说，根本治不了糖尿病。老太太这才知道上当了，但卖药人已经没了踪影。

广西柳州市曾发生一起地摊草药毒死人的事件。事发当日，在柳北大市场，一位身着少数民族服装的青年妇女向周围群众宣传一种名叫“血三七”的草药泡制的药酒，还自称是老祖宗传下来的，既可以吃又可以擦，能治风湿、失眠……这一叫卖吸引了好多人购买，然而有 4 名市民在服用了草药后出现了中毒症状，其中一人抢救无效死亡。

事后，医护人员初步判断认为，所谓的“血三七”草药里含有马前子、断肠草和乌头之类的剧毒草药。仅仅是乌头，只要舔上一口就会要了人命，更何况是吃进肚子里。

防范措施

1. 世上根本就不存在包治百病的药，因此，老年人不要轻信什么街头“神医”、“神药”。有病应及时去医院医治。

2. 假使真是神药，药到病除，那么一定是名气远扬，正规药店也会出售的。老年人切忌“有病乱投医”。

3. 名贵药材都有固定的流通渠道，地摊等地点根本不会见到。

4. 名贵药材都价格昂贵，而骗子们所卖的“名贵药材”往往有很大的讲价还价空间。如果你试着和对方大幅讲价，他们能同意的话，那么就可判断一定是假药。